建筑施工特种作业人员安全技术培训教材

高处作业吊篮安装拆卸工

建筑施工特种作业人员
安全技术培训教材编审委员会 组织编写
江苏省高空机械吊篮协会 主　编

中国建筑工业出版社

图书在版编目（CIP）数据

高处作业吊篮安装拆卸工／建筑施工特种作业人员安全技术培训教材编审委员会组织编写. — 北京：中国建筑工业出版社，2018.12

建筑施工特种作业人员安全技术培训教材

ISBN 978-7-112-22698-6

Ⅰ. ①高… Ⅱ. ①建… Ⅲ. ①高空作业—安全培训—教材 Ⅳ. ① TU744

中国版本图书馆 CIP 数据核字（2018）第 214627 号

本书依据《关于建筑施工特种作业人员考核工作的实施意见》（建办质 [2008]41 号）中高处作业吊篮安装拆卸工安全技术考核大纲的要求编写，内容共分为两大部分：安全生产基础知识；安全操作技能。

本书可作为高处作业吊篮安装拆卸工培训、继续教育、自学、考核使用，也可供相关专业大中专院校师生学习使用。

责任编辑：范业庶　张　磊　王华月

责任校对：王　瑞

建筑施工特种作业人员安全技术培训教材
高处作业吊篮安装拆卸工
建筑施工特种作业人员安全技术培训教材编审委员会　组织编写

江苏省高空机械吊篮协会　主编

＊

中国建筑工业出版社出版、发行（北京海淀三里河路9号）

各地新华书店、建筑书店经销

北京建筑工业印刷厂制版

天津安泰印刷有限公司印刷

＊

开本：850×1168毫米　1/32　印张：8½　字数：226千字

2019年2月第一版　2020年6月第二次印刷

定价：**30.00元**

ISBN 978-7-112-22698-6

（32817）

建筑施工特种作业人员安全技术培训教材
编审委员会

主　　　　任：胡永旭　张鲁风

副　主　任：邵长利　范业庶

编委会成员：（按姓氏笔画排序）

3

本书编委会

主　　编：喻惠业

副主编：吴　杰

主　　审：孙　佳

序　言

中共中央、国务院 2016 年 12 月 9 日颁发的《关于推进安全生产领域改革发展的意见》中明确指出，"安全生产是关系人民群众生命财产安全的大事，是经济社会协调健康发展的标志，是党和政府对人民利益高度负责的要求。"

建筑业是我国国民经济的重要支柱产业。改革开放以来，我国建筑业快速发展，建造能力不断增强，产业规模不断扩大，吸纳了大量农村转移劳动力，带动了大量关联产业，对经济社会发展、城乡建设和民生改善作出了重要贡献。建筑安全生产管理工作也取得了很大成绩。从总体上看，全国建筑安全生产形势呈不断好转之势，但受施工环境和作业特点等所限，特别是超高层、大体量的建设工程逐年递增，施工现场不安全因素较多，建筑安全生产形势依然非常严峻。建筑业仍属事故多发的高危行业之一，每年发生的事故起数和死亡人数有着较大波动性。因此，建筑安全生产是建筑业和工程建设发展的永恒主题，必须以习近平新时代中国特色社会主义思想为指引，牢固树立以人为本、安全发展的理念，坚持"安全第一、预防为主、综合治理"方针，坚持速度、质量、效益与安全的有机统一，强化和落实建筑业企业主体责任，防范和遏制重特大事故，防止和减少违章指挥、违规作业、违反劳动纪律行为，促进建设工程安全生产形势持续稳定好转。

建筑施工特种作业，是指在建筑施工活动中容易发生事故，对操作者本人、他人的安全健康及设备、设施的安全可能造成重大危害的作业。直接从事建筑施工特种作业的人员，称为建筑施工特种作业人员。因此，抓好建筑施工特种作业人员的专业培训教育,实行持证上岗,对于保障建筑施工安全生产具有极为重要的意义。

本系列教材的编写依据主要是《建筑施工特种作业人员管理规定》(建质 [2008]75 号)、《关于建筑施工特种作业人员考核工作的实施意见》(建办质 [2008]41 号)。根据建筑施工特种作业人员的分类和《建筑施工特种作业人员安全技术考核大纲》(试行)所规定的考核知识点,本系列教材共编为 12 本。其中,《特种作业安全生产基本知识》是综合性教材,适用于所有的建筑施工特种作业人员;其余 11 本为专业性用书,分别适用于建筑电工、普通脚手架架子工、附着升降脚手架架子工、建筑起重司索信号工、塔式起重机司机、施工升降机司机、物料提升机司机、塔式起重机安装拆卸工、施工升降机安装拆卸工、物料提升机安装拆卸工、高处作业吊篮安装拆卸工。

本系列教材的编写工作,得到了黑龙江省建筑安全监督管理总站、河南省建筑安全监督总站、湖北省建设工程质量安全协会、浙江省建筑业行业协会施工安全与设备管理分会、山东省建筑安全与设备管理协会、湖南省建设工程质量安全协会、重庆市建设工程安全管理协会、江苏省建筑行业协会建筑安全设备管理分会、广东省建筑安全协会、安徽省建设行业质量与安全协会、江苏省高空机械吊篮协会和高空机械工程技术研究院以及有关方面专家们的大力支持,分别承担和完成了本系列教材的各书编写工作。特此一并致谢!

本系列教材主要用于建筑施工特种作业人员的业务培训和指导参加考核,也可作为专业院校和有关培训机构作为建筑施工安全教学用书。本书虽经反复推敲,仍难免有不妥之处,敬请广大读者提出宝贵意见。

建筑施工特种作业人员安全技术培训教材编审委员会
2018 年 12 月

前　　言

为加强对建筑施工特种作业人员的管理，防止和减少生产安全事故，中华人民共和国住房和城乡建设部发布了《建筑施工特种作业人员管理规定》（建质 [2008]75 号）文件，对建筑施工特种作业人员的考核、发证、从业和监督管理进行了规定。

《建筑施工特种作业人员管理规定》明确了高处作业吊篮安装拆卸工属于建筑施工特种作业人员，必须经建设主管部门考核合格，取得建筑施工特种作业人员操作资格证书，方可上岗从事高处作业吊篮安装拆卸作业。

高处作业吊篮作为载人高空作业施工设备，与塔式起重机、施工升降机和物料提升机等建筑起重设备相比较，在安装、使用和拆卸过程中具有更大的危险性，是建筑施工现场重大危险源之一。

经过 30 多年的快速发展，目前我国在用高处作业吊篮保有量已高达 200 万台左右，成为施工现场不可或缺的施工机具。伴随使用数量的不断增多，高处作业吊篮施工安全事故时有发生，直接危及施工人员的生命安全。由于高处作业吊篮安装和拆卸具有较大的难度及风险，每一个细微的疏漏，都可能给安装拆卸工本人或设备使用者带来致命的伤害。统计数据表明，在安装阶段埋下事故隐患以及在安装拆卸过程中直接发生的安全事故，超过事故总量的四分之一。由此可见，高处作业吊篮安装拆卸工接受安全技术培训、考核及取证是十分必要的。

为配合高处作业吊篮安装拆卸工的培训与考核，本教材紧扣安全技术考核大纲和技能操作考核标准，采用深入浅出的方式，通过上百幅图表，以图文并茂的形式，围绕安装拆卸作业为重点，对高处作业吊篮的有关内容进行了全面阐述，以供读者学习参考。

　　本教材由江苏省高空机械吊篮协会和高空机械工程技术研究院组织编写，由喻惠业高级工程师担任主编及执笔人，吴杰高级工程师担任副主编，孙佳博士、副教授担任主审。在教材编写过程中，得到了沈阳建筑大学等高等院校和申锡机械有限公司等行业龙头企业的专家、学者的积极参与和支持，谨此表示谢意！

　　书中存在不妥之处，欢迎广大读者批评指正。

2018 年 8 月

目　录

1 专业基础知识

1.1 力学基础

1.1.1 力的概念

1．力的定义与效应

力的定义：力是物体间的相互机械作用。

力的效应：力能使物体的运动状态或形状发生改变。

能使物体的运动状态发生改变，称为力的外效应。例如受到球杆击打的高尔夫球，会瞬间由静止状态变为快速飞行的运动状态；行驶的车辆在制动力的作用下，由高速运动状态变为减速运行直至静止。

能使物的形状发生改变，称为力的内效应。例如：大锤砸在烧红的铁块上，会使铁块产生明显的变形；在跳水运动员起跳力的作用下，跳板会发生明显的变形。

2．力的性质与表示方法

力的性质：力是具有大小、方向和作用点（线）的矢量，通常称为力的三要素。

力的法定计量单位是"牛顿"，用字母 N 表示。在已被废止的工程制单位中，力的单位是"公斤力"，用字母 kg・f 表示。二者的换算关系为：$1kg・f \approx 9.81N \approx 10N$。

力的表示法：因为是矢量，故力可用数学的矢量表示法来表示。即：用一段按长度比例绘制的带箭头的线段"→"来表示一个力。此线段的长度表示力的大小；箭头表示力的方向；任一端点表示力的作用点。

【例】

$$0 \quad 5N$$

$A \quad\quad F_1 \quad\quad B \quad\quad\quad\quad F_2$

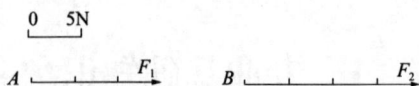

图例表示：力 F_1 大小为 15 N，方向为水平向右，作用点为
　　　　　A 点或箭头端点；
　　　　　力 F_2 大小为 20 N，方向为水平向右，作用点为
　　　　　B 点或箭头端点。

任何一个力，只要改变三要素中任何一个要素，力的作用效果则随之改变，如图 1-1 所示：

在图 1-1（a）中，作用于壶把顶点的力 F_1 小于水壶的重力 W，水壶静止不动；

在图 1-1（b）中，作用于壶把顶点的力 F_2 略大于水壶的重力 W，并且与重力 W 共线，水壶被垂直提起；

在图 1-1（c）中，作用于壶把侧面的力 $F_3 = F_2$，且不与壶的重力 W 共线，水壶被向右倾倒。

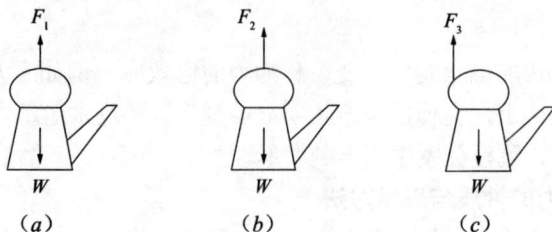

F_1 　　　　　　F_2 　　　　　　F_3

W 　　　　　　W 　　　　　　W

（a）　　　　　　（b）　　　　　　（c）

图 1-1　力的作用效果图

1.1.2　力的合成与分解

1．合力与分力

若作用在物体上的一个力所产生的作用效果与几个共同作用的力所产生的效果相同，那么这个力就称为那几个力的合力；那几个力就称为这个力的分力。

2．力的合成

已知共同作用在物体上的几个分力，求其合力的过程，称为力的合成。

矢量合成遵循平行四边形法则。力是矢量，其合成同样遵循平行四边形法则。

如图 1-2 所示，作用在物体上同一点的两个力 F_1 和 F_2，可以合成为一个合力 F_R。合力 F_R 的作用点，也在 F_1 与 F_2 作用线的交点上，其大小和方向，则由以 F_1 和 F_2 互为邻边所构成的平行四边形的对角线来确定。

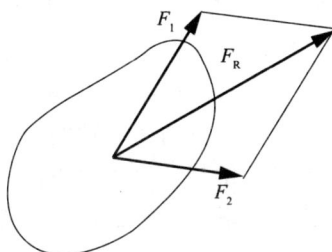

图 1-2　力的合成示意图

3．力的分解

求一个已知力的分力的过程，称为力的分解。力的分解同样遵循平行四边形法则。

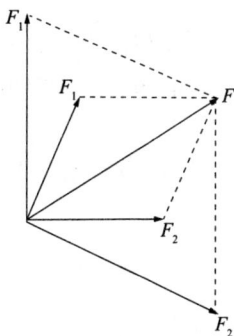

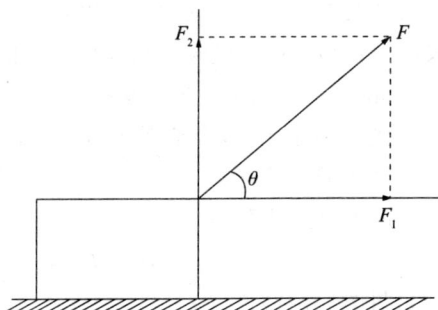

图 1-3　力的分解图　　图 1-4　力向给定方向分解图

3

与力的合成有唯一解（或唯一结果）所不同的是，力的分解有无数解。如图 1-3 所示，同一对角线，可以构成无穷多个平行四边形，即无穷多解。

在实际工程应用中，力的分解往往根据实际需要，向给定方向进行分解。如图 1-4 所示，力 F 可分解为一个水平向右的力 F_1 和一个垂直向上的力 F_2。

1.1.3　力矩的概念

1. 力矩的定义与效应

力矩的定义：能使物体发生转动的物理量，称为力矩。

力矩的效应：力矩具有改变物体旋转运动状态的效应。例如：用扳手拧紧或松开螺母，使螺母由静止状态变为旋转运动状态，是力矩的作用结果；在高速转动的电动机轴上施加一个制动力矩，可使电动机轴的旋转速度降低；在制动力矩足够大时，则可使高速行驶的车辆在很短的时间内停止运动而处于静止状态。

2. 力矩的性质

力矩也是一个具有方向性的矢量。拧紧螺母的力矩与松开螺母的力矩方向是相反的。

力矩的方向：即作用力使物体发生转动或产生转动趋势的方向。

力矩的大小：即产生旋转作用的大小，不仅与作用力的大小相关，而且与作用力到其旋转作用中心的距离相关。即：力矩＝力 × 力臂，单位为牛·米（N·m）。

力到其旋转作用中心的距离，称为力臂。力臂的单位是"米"，用字母 m 表示。

力矩大小的计算公式：

$$M = F \times L \tag{1-1}$$

如图 1-5 所示：

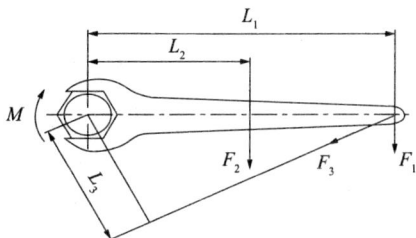

图 1-5　力矩关系图

M 代表拧紧螺母的力矩；

F_1、F_2 和 F_3 分别代表作用在扳手上的三个大小、方向和作用点各不相同的力；

L_1、L_2 和 L_3 分别代表与 F_1、F_2 和 F_3 所对应的三个力臂。

三者之间的关系式为：$M_1 = F_1 \times L_1$，$M_2 = F_2 \times L_2$，$M_3 = F_3 \times L_3$。

显然，力矩的大小与作用力的大小成正比，而且与力臂的大小也成正比。当力矩大小不变时，力的大小与力臂的大小成反比。即力臂越大，所需要的作用力越小。

图 1-6 体现了杠杆原理：

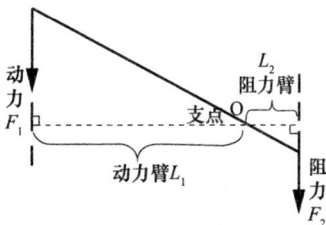

图 1-6　杠杆原理图

其中：F_1——动力，单位为 N；

F_2——阻力，单位为 N；

L_1——动力臂，单位为 m；

L_2——阻力臂，单位为 m。

动力矩 $M_1 = F_1 L_1$，阻力矩 $M_2 = F_2 L_2$ 根据力矩平衡原理，动力矩等于阻力矩，

得：$M_1 = M_2$

即：$F_1L_1 = F_2L_2$

得：
$$F_1 = F_2 \frac{L_2}{L_1} \qquad (1\text{-}2)$$

由式（1-2）可见，利用杠杆原理，只要使动力臂 L_1 ＞阻力臂 L_2，即可用较小的动力 F_1，来克服（或平衡）较大的阻力 F_2。

【例】 如图 1-7 所示，已知高处作业吊篮悬挂装置吊点总荷载 $W = 12.0\text{kN}$，横梁外伸长度 $A = 1.5\text{m}$，前后支座间距 $B = 5.0\text{m}$，按照高处作业吊篮国家标准规定抗倾覆系数不小 3，试计算需要配重 G 等于多少。

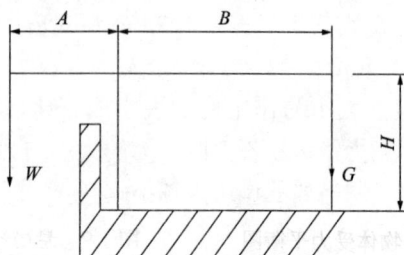

图 1-7　悬挂装置受力简图

【解】

（1）倾翻力矩 $M_倾 = W \cdot A = 12.0 \times 1.5 = 18.0\text{kN} \cdot \text{m}$

（2）根据高处作业吊篮国家标准规定，稳定力矩 $M_稳 \geqslant 3M_倾 = 3 \times 18.0 = 54.0\text{kN} \cdot \text{m}$

（3）根据式（1-1），则：稳定力矩 $M_稳 = G \cdot B$

得出：$G = M_稳/B = 54.0/5.0 = 10.8\text{kN} = 10800\text{N}$

由：$1\text{kg} \approx 10\text{N}$

答：所需配重质量（重量）$G = 10800\text{N} \approx 1080\text{kg}$

1.1.4　物体平衡

1. 物体平衡的定义与条件

物体平衡定义：物体处于静止或匀速直线运动的状态，称作物体的平衡。

物体平衡条件：作用在物体上的所有力相互平衡，同时，这些力所产生的力矩也须平衡，否则物体会改变运动状态或发生转动。

2．力的平衡条件

力的平衡条件：作用在同一物体上的合力必须为零。

如图 1-8 所示，悬吊在空中的物体静止不动（处于平衡状态）是因为垂直向上的吊索的拉力 F 与物体重力 W 的合力为零的结果。此例属于典型的二力平衡状态。

二力平衡条件：作用在同一物体上的两个力，大小相等，方向相反，且作用在同一直线上。

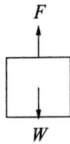

图 1-8　物体受力平衡图　　　图 1-9　悬吊平衡图

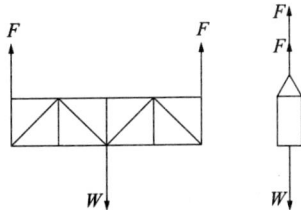

如图 1-9 所示，高处作业吊篮悬吊在空中静止不动（处于平衡状态），其合力也必须为零。

其平衡条件是：$F + F = W$，且 $F + F$ 的合力与重力 W 的方向相反，而且二个 F、与 W 作用在同一平面内。

如图 1-10 所示，由于施加在悬吊平台上的荷载 W 偏向一侧，造成悬吊平台顺时针转动一个角度，直至二个 F 与 W 共面时，才处于平衡状态。但此时平台处于横向倾斜状态。

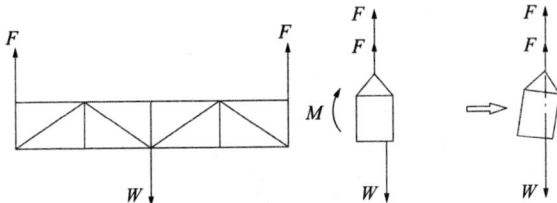

图 1-10　偏载造成高处作业吊篮横向倾斜示意图

1.1.5 物体摩擦概念

摩擦现象：是宇宙间普遍存在的一种物理现象。

摩擦力：在相互接触的两个物体之间，只要存在相互运动或运动趋势，二者之间就存在着阻止其相互运动的摩擦力。

摩擦力大小：与使物体产生相对运动（或趋势）的作用力的大小相等、方向相反、作用线相同，是一对平衡力。

如图 1-11 所示，作用在物体上的推力 F 与物体和地面之间的摩擦力 F' 是一对平衡力。随着推力 F 的增加，摩擦力 F' 也等量增加。直到 F 增加到与物体和地面之间最大摩擦力相等时，物体便相对地面做匀速直线运动（这也是一种平衡状态）。

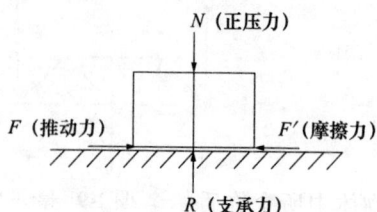

图 1-11　摩擦力平衡图

其中，正压力 N 与支承力 R 是另外一对平衡力。

最大摩擦力：在物体刚开始运动的一瞬间，与作用力相平衡的摩擦力，称为最大静摩擦力。在作用力推动物体做匀速运动时，所产生的摩擦力称为动摩擦力。

实践证明，动摩擦力略小于最大静摩擦力。

实验证明，物体之间的最大静摩擦力和动摩擦力，都与物体之间的正压力成正比。二者之间的关系为：

$$F_{max} = f \cdot N \qquad (1-3)$$

式中　F_{max}——最大摩擦力，单位：牛顿（N）；

　　　N——作用在物体之间的正压力，单位：牛顿（N）；

　　　f——物体之间的摩擦系数，是一个常数（无量纲）。

研究结果表明，摩擦系数仅与物体的材料、摩擦表面的光滑程度以及润滑条件有关，而与摩擦接触表面的面积大小无关。

常用材料的摩擦系数表　　　　表 1-1

材料	摩擦系数 f			
	静摩擦		动摩擦	
	无润滑剂	有润滑剂	无润滑剂	有润滑剂
钢—钢	0.15	0.1～0.12	0.15	0.05～0.10
钢—铸铁	0.30	—	0.18	0.05～0.15
钢—青铜	0.15	0.1～0.15	0.15	0.10～0.15
钢—橡胶	0.90	—	0.60～0.80	—
钢—尼龙	—	—	0.30～0.50	0.05～0.10
钢—木材	—	—	0.15～0.40	—
木材—木材	0.40～0.60	0.10	0.20～0.50	0.07～0.15

1.1.6 物体质量和重量

物体质量：物体中所含物质的多少。质量不随物体的形状、状态以及地理位置的变化而改变，通常用天平来称量。质量基本单位：克（g）；常用单位：千克（kg）。

密度：单位体积所含物质的质量，即质量与体积的比值。法定计量单位：千克每立方米（kg/m³）。

物体质量计算公式：

$$m = \rho \cdot V \tag{1-4}$$

式中　m——物体质量，单位：千克（kg）；

　　　ρ——物体密度，单位：千克每立方米（kg/m³）；

　　　V——物体体积，单位：立方米（m³）

物体重量：物体受到地球吸引所产生的重力。重量随地理位置的变化略有改变，通常用弹簧秤来测量。重量是重力的度量。重量基本单位：牛顿（N）。

质量 m 与重量 G 是两个不同性质的物理量，但具有关联性。

其关系式为：

$$G = m \cdot g \qquad (1\text{-}5)$$

式中 g——重力加速度（在地球不同位置具有极小差别）；$g \approx$
9.81 $\approx$ 10（m/s^2）

在地球上 1 千克（kg）物体的重量约等于 1 千克力（kg·f）（重力）。因此，通常用质量单位（kg）代替了重量单位（kg·f）。

为了在实际工作中，方便地应用式（1-5）计算常见的几何体的质量，特将常见的几何体的体积计算公式及形心位置，列为表 1-2。

常见几何体体积计算公式及形心位置表　　表 1-2

名称	几何体	体积（V）计算公式	形心（G_0）的位置
正方体		$V = a^3$ 式中 a——边长	G_0 在对角线交点上
长方体		$V = a \cdot b \cdot h$ 式中 a、b——边长； h——高	$G_0 = h/2$
三棱柱		$V = F \cdot h$ 式中 F——底部三角形面积； h——高	$G_0 = h/2$
棱锥		$V = \dfrac{1}{3} F \cdot h$ 式中 F——底面积； h——高	$G_0 = h/4$
棱台		$V = \dfrac{1}{3} h (F_1 + F_2 + \sqrt{F_1 F_2})$ 式中 F_1——下底面积； F_2——上底面积； h——高	$G_0 = \dfrac{h}{4} \cdot \dfrac{F_1 + 2\sqrt{F_1 F_2} + 3F_2}{F_1 + \sqrt{F_1 F_2} + F_2}$

名称	几何体	体积（V）计算公式	形心（G_0）的位置
圆柱与空心直圆柱		圆柱： $V = \pi R^2 \cdot h$ 空心直圆柱： $V = \pi h (R^2 - r^2)$ 式中 R—外圆柱半径； r—内圆柱半径； h—高	$G_0 = {}^h/_2$
直圆锥		$V = \dfrac{1}{3}\pi r^2 h$ 式中 r—底圆半径； h—高	$G_0 = {}^h/_4$
圆台		$V = \dfrac{\pi h}{3} \cdot (R^2 + r^2 + Rr)$ 式中 R—底圆半径； r—顶圆半径； h—高	$G_0 = \dfrac{h}{4} \cdot \dfrac{R^2 + 2Rr + 3r^2}{R^2 + Rr + r^2}$
球体		$V = \dfrac{4}{3}\pi r^3 = \dfrac{\pi d^3}{6}$ 式中 d—球体直径； r—球体半径	G_0 在球心 0 上

将常用物质的密度，列为表 1-3。

常用物质密度表　　　　　　　　　表 1-3

物质	密度（常温 kg/m³）	物质	密度（常温 kg/m³）
铸铁	$(6.80 \sim 7.20) \times 10^3$	镁	1.738×10^3
铸钢	7.80×10^3	锌	7.133×10^3
碳钢	7.85×10^3	锰	7.43×10^3
20 ～ 40 铬钢	7.82×10^3	钨	19.254×10^3
铝	2.70×10^3	铬	7.19×10^3
硬铝合金	$(2.73 \sim 2.76) \times 10^3$	大理石	$(2.5 \sim 3.0) \times 10^3$

物质	密度（常温 kg/m³）	物质	密度（常温 kg/m³）
压铸铝合金	2.66×10^3	花岗岩	$(2.6 \sim 3.1) \times 10^3$
铝合金型材	2.73×10^3	玻璃	2.5×10^3
铜	8.93×10^3	砖	$(1.7 \sim 2.2) \times 10^3$
铜合金	$(8.5 \sim 8.8) \times 10^3$	混凝土	$(2.2 \sim 2.5) \times 10^3$
铅	11.34×10^3	干松木	0.5×10^3

【例】一种幕墙用玻璃的规格为，长 2.4m，宽 1.8m，厚 0.02m（不计中空部分厚度）。请计算单块幕墙玻璃的质量及吊起单块玻璃所需的起吊力。

【解】

（1）查表 1-2 得，长方体体积公式：

$$V = a \cdot b \cdot c = 2.4 \times 1.8 \times 0.02 = 86.4 \times 10^{-3} \text{（m}^3\text{）}$$

（2）查表 1-3 得：玻璃密度为 2.5×10^3（kg/m³）

（3）由式 1-4 得：单块玻璃质量 $m = \rho \cdot V = 2.5 \times 10^3 \times 86.4 \times 10^{-3} = 216$（kg）

（4）由式 1-5 得：单块玻璃重量 $G = m \cdot g = 216 \times 10 \approx 2160$（N）

∵吊起单块玻璃所需的起吊力与单块玻璃所产生的重力，是一对平衡力。

∴根据二力平衡条件，单块玻璃的起吊力＝单块玻璃的重量 ≈ 2160（N）

1.1.7 物体重心与吊点选择原则

1. 重心

组成物体的各个部分所受重力的合力的作用点，称为重心。

重心具有下列特点：

（1）匀质固体的重心与其形心（即几何中心）重合；

（2）固体重心不随其所处位置或姿态的变化而发生改变；

（3）重心有可能落在物体的形体之外（如弧形棒体）。

2. 物体重心与吊点关系

根据二力平衡条件，只有当吊点与被吊物体的重心处在同一条铅垂线上时，被吊物体才处于平衡状态。反之，物体将发生倾斜、倾翻，甚至造成事故。

3. 物体吊点选择原则

（1）优先选用设备或构件本体设计指定的吊点。

（2）吊点应选择在被吊物件能够承受吊装荷载的结构上。

（3）吊点与被吊物体重心应在同一条铅垂线上。

（4）吊点应在被吊物体的重心上部，方具有可靠的稳定性。

（5）常见的形体简单的物体，可通过查表确定重心位置。

（6）形状复杂的物体，可采用低位试吊的方法稳步确定重心。

（7）对于自身强度较低或容许变形小的细长物件应选择多点吊装，吊点的具体数量及位置以满足物件强度或变形为准，尽量使物件各段强度或变形值趋于一致。

（8）多点吊装时，应使各吊绳受力尽可能均匀，且吊绳之间的夹角不宜大于120°，以免吊绳受力过大。

（9）多机抬吊时，吊点应选择在起重机幅度较小的位置上。

（10）必要时可设置辅助平衡吊点或专用辅助吊具。

1.2 电工学基础

1.2.1 电工学基本概念

1. 电流

电流形成：电荷作有规则的定向运动便形成了电流。电流是具有大小和方向的矢量。

电流方向：习惯规定，以正电荷的流向作为电流的方向。故带负电荷的电子流向与规定的电流方向相反。

电流定义：单位时间流过导体横截面的电量称为电流强度，

简称电流。电流用符号"I"表示。

电流单位：电流的基本单位为安培，简称安（A）；常用单位有 kA、mA、μA，换算关系为：

$$1kA = 10^3 A$$
$$1mA = 10^{-3} A$$
$$1\mu A = 10^{-6} A$$

电流测量：电流可用电流表（安培表）测量。电流表分为直流电流表和交流电流表两种。测量时，电流表均须串联在被测电路中进行测量。电流表具有规定的量程范围，既不得使用低量程表测较大电流（会烧坏电表），也不宜使用高量程的表测量过小的电流（影响测量精度）。

直流电：大小和方向不随时间变化的电流，在工程上用"DC"或符号"一"来表示。

交流电：大小和方向随时间变化的电流，在工程上用"AC"或符号"～"来表示。

2. 电压

电压定义：两点之间的电位差，简称电压。与水的流动相似，若无水位差（即水压），则无水的流动。同理。若无电位差（即电压），同样没有电荷的流动（即电流）。电压用符号"U"表示。

电压单位：电压的基本单位为伏特，简称伏（V）；常用单位有 kV、mV，换算关系为：

$$1kV = 10^3 V$$
$$1mV = 10^{-3} V$$

电压测量：电压可用电压表（伏特表）测量。电压表分为直流电压表和交流电压表两种。测量时，电压表均须并联在被测电路两端进行。电压表也具有规定的量程范围，也须选择相应量程的表进行测量。

3. 电阻

电阻定义：物体对电流的阻碍作用，称为电阻。电阻用符号

"*R*"表示。

电阻单位：电阻的基本单位为欧姆，简称欧（Ω）；常用单位有 kΩ、MΩ，换算关系为：

$$1k\Omega = 10^3\Omega$$

$$1M\Omega = 10^6\Omega$$

电阻率：用来表示各种物质电阻特性的物理量。规定在常温下（20℃时），用某种材料制成的长 1m、横截面积为 1mm^2 的导体的电阻，做作为该材料的电阻率。电阻率的单位为：欧姆米（Ω·m）。

电阻大小：分别与导体的材质、温度、长度和横截面积有关。在温度不变的条件下，导体的电阻大小与其长度成正比；与横截面积成反比；与材质的电阻率成正比。其关系式为：

$$R = \rho \frac{L}{S} \tag{1-6}$$

式中　ρ——电阻率，单位：欧姆米（Ω·m）；

　　　L——导体长度，单位：米（m）；

　　　S——导体的横截面积，单位：平方毫米（mm^2）

4. 欧姆定律

欧姆定律：导体中的电流，与导体两端的电压成正比，与导体的电阻成反比。

基本公式：　　　　　$$I = \frac{U}{R} \tag{1-7}$$

导出公式：　　　　　$U = I \cdot R$，$R = U/I$

欧姆定律阐明了电流、电压和电阻三个物理量之间的相互关系，即：知道其中任意两个量，则可运用欧姆定律求得第三个量。

【例】已知：一用电器的电阻为 880Ω，用在电压为 220V 的电路中，试求通过该用电器的电流。

【解】

由欧姆定律得，电流 $I = U/R = 220/880 = 0.25$（A）

故：通过该电路的电流为 0.25（A）。

5. 电路

电路定义：电流流经的路径称为电路，又称导电回路。

基本电路：由电源、负载（用电器）、控制元件（开关）和导线组成的最简单电路。

电源：把其他形式的能量转换成电能的装置。例如，发电机把机械能转换成电能；干电池、蓄电池把化学能转换成电能；太阳能板把太阳能转换成电能等，都属于电源。

负载：把电能转换成其他形式的能量的装置。例如，电动机和电炉、空调、彩电等家用电器，在电路中都属于负载。

控制元件：用来改变电路运行状态的元件。例如，开关、按钮、熔断器，以及各类继电器、调节器、调速器等，在电路中起到通断、保护或测量作用的元件。

电路的三种状态：

（1）电路导通，称为通路；

（2）某一处电路被断开，称为开路或断路；

（3）直接接通或导通了电源正负极的现象，称为短路。短路属于危险状态，必须加以避免。

串联电路：把所有负载依次首尾相连所组成的电路。如图 1-12 所示，串联电路具有以下特点：

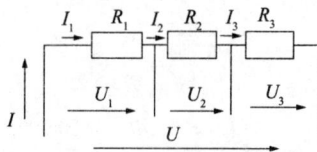

图 1-12　串联电路简图

——流经各个负载的电流 I 相等，即：

$$I = I_1 = I_2 \cdots = I_n$$

——电路的总电压等于各负载的电压之和，即：

$$U = U_1 + U_2 + \cdots + U_n$$

——电路的总电阻等于各负载的电阻之和，即：

$$R = R_1 + R_2 + \cdots + R_n$$

——各负载两端的电压与其电阻值成正比，即：

$$\frac{U_1}{U_K} = \frac{U_1}{R_K}(k=1,2,3,\cdots,n)$$

并联电路：把所有负载并列地连接起来组成的电路。如图 1-13 所示，并联电路具有以下特点：

——各负载两端的电压相等，即：

$$U = U_1 = U_2 = \cdots = U_n$$

——电路的总电流等于各负载的电流之和，即：

$$I = I_1 + I_2 + \cdots + I_n$$

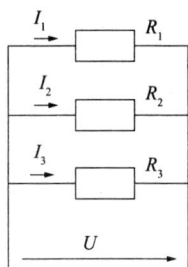

图 1-13　并联电路简图

——电路中的总电阻的倒数等于各负载电阻的倒数之和，即：

$$\frac{1}{R_\text{总}} = \frac{1}{R_1} + \frac{1}{R_2} + \cdots + \frac{1}{R_n} = \sum_{k=1}^{n}\frac{1}{R_k}$$

——电路的各负载的电流与其电阻值成反比，即：

$$\frac{I_1}{I_k} = \frac{R_k}{R_1}(k=1,2,3,\cdots,n)$$

混联电路：既有负载串联又有负载并联的混合电路，如图 1-14 所示。

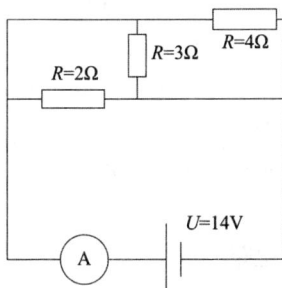

图 1-14　混联电路简图

混联电路的电阻计算比较复杂，一般采用等效电路法进行计算。

等效电阻：采用等电位点标示法等方法，在保证电阻元件之间的联接关系不变的条件下，逐步化简形化成一个能够等效替代原电路中所有电阻效能的电阻。

6. 电能、电功与电功率

电能：电流所具有的能量，具体体现在以各种形式做功的能力。

电功：电能在转换成其他形式能量的过程中所做的功，称为电功。电功用符号"W"表示，其法定计量单位为焦耳，简称焦（J）。

电功也是对电能做功的一种量度。电功与做功时的电压、电流及通电时间成正比，其关系式为：

$$W = U \cdot I \cdot t \tag{1-8}$$

式中　W——电功，单位：焦（J）；

　　　U——电压，单位：伏（V）；

　　　I——电流，单位：安（A）；

　　　t——通电时间，单位：秒（s）。

电功率：电能在单位时间内所做的功，通常简称功率，且用功率来标定电气设备的做功能力。功率用符号"P"表示。

功率单位：功率的基本单位为瓦特，简称瓦（W）；常用单位有 MW、kW、mW，换算关系为：

$$1MW = 10^6 W$$
$$1kW = 10^3 W$$
$$1mW = 10^{-3} W$$

功率度量：电能在单位时间内所做的功，与做功的电压及电流成正比，其关系式为：

在直流电路或单相交流纯电阻电路中

$$P = U \cdot I \tag{1-9}$$

在三相交流对称电路中

$$P = 3U_X I_X \cos\varphi = \sqrt{3} U_L I_L \cos\varphi \tag{1-10}$$

式中　P——功率，单位：伏（W）；

　　　U——电压，单位：伏（V）；

I——电流，单位：安（A）

$U_\mathrm{X}/U_\mathrm{L}$——相电压 / 线电压，单位：伏（V）；

$I_\mathrm{X}/I_\mathrm{L}$——相电流 / 线电流，单位：安（A）；

$\cos\varphi$——电源的功率因数（即有功功率和视在功率的比值），无量纲。

常用电功单位：电功的法定计量单位焦（J）的数值很小，不方便计量，生活中常用"度"作为电功的单位。"度"的实质为千瓦小时（kW·h），1 度（电）= 1 kW·h = 3.6×10⁶ J。

其计算公式为：

$$W = P \cdot t = U \cdot I \cdot t \times 10^3 \qquad (1\text{-}11)$$

式中　W——电功，单位：度或千瓦小时（kW·h），

　　　P——功率，单位：千瓦（kW）；

　　　U——电压，单位：伏（V）；

　　　I——电流，单位：安（A）；

　　　t——通电时间，单位：小时（h）。

7. 三相交流电基本概念

定义：由频率相同、电动势振幅相等、相位差互为 120° 的三对交流电路组成的电力系统，称为三相交流电。

频率：单位时间交流电变化的次数，称为频率。频率用符号"f"表示，法定计量单位为赫兹，简称赫（Hz）。Hz 是电参数每秒变化的周期次数（1/s）。

工频：对工业与民用交流电源规定的工作频率，称为工频。工频的单位为赫（Hz）。

我国规定工频为 50Hz。各国对工频的规定略有不同：欧洲大多数国家和亚洲的新、马、泰、印度、印尼、越南及日本关东地区等规定工频为 50Hz；美洲大多数国家和亚洲的韩国、沙特以及日本关西地区等规定工频为 60Hz。

工频电压：我国规定单相电源工频电压为 220V；三相电源工频电压为 380V。

线电压与相电压：在三相交流电中，把任意两条相线（俗称

火线）之间的电压，称为线电压；把每条相线与零线（N）之间的电压，称为相电压。

额定电压：我国工频交流电的额定线电压为380V；额定相电压为220V。

8. 三相交流电的基本接法

（1）星形（Y）接法与特性

将三个单相电源的一端作为公共端，再由另一端引出线与负载相连，称为星形接法或称（Y）接法，如图1-15所示。

在星形（Y）接法的电路中，

线电压=$\sqrt{3}$相电压，即：$U_{线}=\sqrt{3}\cdot U_{相}\approx 1.732U_{相}$

线电流=相电流，即：$I_{线}=I_{相}$

【例】当相电压$U_{相}=220V$时，

则线电压$U_{线}=\sqrt{3}\,U_{相}\approx 1.732U_{相}\approx 1.732\times 220\approx 380V$。

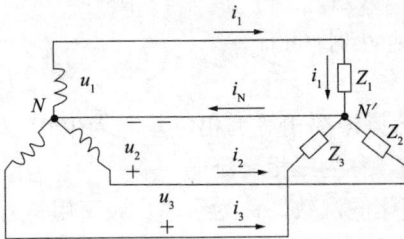

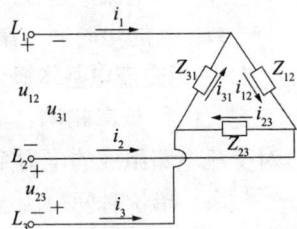

图1-15　星形（Y）接法电路图　图1-16　三角形（△）接法电路图

（2）三角形（△）接法与特性

把三相负载分别接在三相电源两根相线之间的接法，称为三角形接法或称（△）接法，如图1-16所示。

在三角形（△）接法的电路中：

线电压=相电压，即：$U_{线}=U_{相}$

线电流=$\sqrt{3}$相电流，即：$I_{线}=\sqrt{3}\cdot I_{相}\approx 1.732I_{相}$

三相四线制：由三条相线（A、B、C），与一条保护零线（PEN）组成的供电方式，称为三相四线制。当A、B、C三相负载不均衡时，在PEN线上会有工作电流通过，因此，PEN在进入用电建筑物处要做重复接地；属于 TN-C 接地系统。

三相五线制：由三条相线（A、B、C），与一条零线（N）和一条保护接地线（PE），组成的供电方式，称为三相五线制。N 线可能有工作电流通过，PE 线正常状态应无电流（仅在出现对地漏电或短路时有故障电流）；属于 TN-S 接地系统。我国民用建筑的配电方式采用 TN-S 接地系统。

1.2.2 异步电动机

1. 基本概念

电动机：将电能转化为机械能的电力拖动装置，称为电动机。

电动机分类：按用电类型分为，直流电动机和交流电动机。

交流电动机可分为，单相交流电动机和三相交流电动机；三相交流电动机按结构及工作原理分为，异步电动机和同步电动机。

异步电动机：三相交流异步电动机的简称。由于三相异步电机的转子与定子的旋转磁场以相同的方向、不同步的转速旋转，二者存在着转差率，所以称为异步电动机。

异步电动机可分为绕线式、鼠笼式和端面磁场盘式电动机。

2. 三相异步电动机的结构

三相交流异步电动机具有结构简单、运行可靠、价格便宜、过载能力强及使用、安装、维护方便等优点，被广泛应用于各个领域。

（1）异步电动机基本结构

异步电动机主要由定子和转子两大基本部分组成。在定子和转子之间具有很小的气隙。此外，还有端盖、轴承、冷却风扇、接线盒等其他附件，如图 1-17 所示。

定子：用来产生旋转磁场。定子一般由外壳、定子铁心、定子绕组和机座等部分组成。

转子：在电磁力矩作用下旋转，并输出转动力矩。转子由转子铁芯、转子绕组和转轴等部分组成。转子绕组分为绕线式和鼠笼式两种型式。

图 1-17　三相交流异步电动机结构简图

（2）绕线式转子结构

绕线式转子由三相绕组组成，一般接成星形。三相引出线分别接到转轴上的三个与转轴绝缘的集电环上，通过电刷装置与外电路相连。可在转子电路中串接电阻或电动势以改善电动机的运行性能。绕线式转子与外加变阻器的连接，如图 1-18 所示。

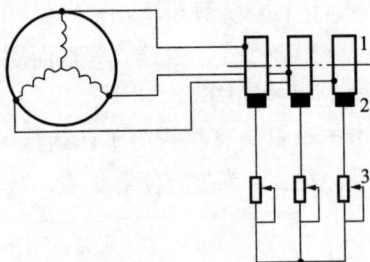

图 1-18　绕线式转子示意图
1—集电环；2—电刷；3—变阻器

（3）鼠笼式转子结构

鼠笼式转子在铁芯的每一个槽中插入一根铜条，在铜条两端各用一个铜环（称为端环）把导条连接起来，称为铜排转子。用铸铝的方法，把转子导条和端环风扇叶片一次浇铸而成，称为铸铝转子。100kW 以下的异步电动机一般采用铸铝转子。鼠笼式转子如图 1-19 所示：

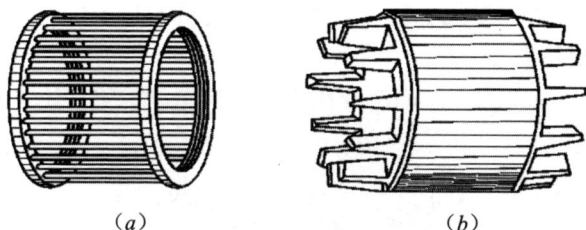

图 1-19　鼠笼式转子示意图

（a）铜排转子；（b）铸铝转子

3. 三相异步电动机转动原理

转动原理：如图 1-20 所示，三相交流电通入定子绕组后，由电生磁的原理，便形成了一个旋转磁场。旋转磁场的转速为

$n_1 = \dfrac{60f}{p}$，称为同步转速。

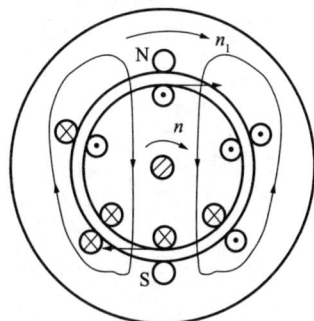

旋转磁场的磁力线被转子导体切割，根据电磁感应原理，转子导体产生感应电动势和电流

图 1-20　异步电动机转动原理图

（磁生电）。载流导体（转子）在磁场中受到电磁力的作用，形成电磁转矩（电磁生力），使转子朝着旋转磁场旋转的方向旋转。

转差：转子的转速 n 总是略低于同步转速 n_1，转差（$n_1 - n$）是异步电机运行的必要条件，此即"异步"之名的由来。

转差率：将转差与同步转速之比，称为转差率（S），即：

$$S = \dfrac{n_1 - n}{n_1} \qquad (1\text{-}12)$$

式中　S——转差率，单位：无量纲；

　　　n_1——同步转速，单位：转每分钟（r/min）；

　　　n——输出转速，单位：转每分钟（r/min）。

4. 三相异步电动机的主要参数

铭牌：载明电动机必要技术参数和制造商信息的牌子，称为电动机铭牌。铭牌为使用者提供了电动机的基本信息，便于合理、正确使用。

以图 1-21 为例，简单介绍三相异步电动机铭牌上各部分的含义：

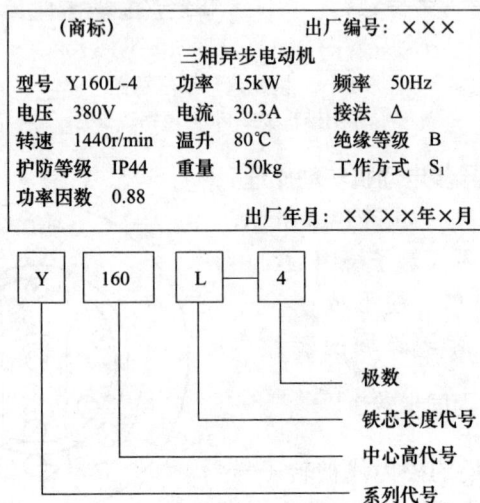

图 1-21　三相异步电动机铭牌及代号

类型代号：电动机的型号由系列、中心高、铁芯长度和电磁极数等代号组成。

例如：在型号 Y160L-4 中，"Y"表示 Y 系列鼠笼式异步电动机（YR 表示绕线式异步电动机）；"160"表示电动机中心高（底座至输出轴中心的垂直距离）为 160mm；"L"表示长机座（"M"表示中机座，"S"表示短机座），"4"表示 4 对磁极，其同步转速为 1500r/min。

额定功率：在额定运行状态下，电动机所能输出的有功功率，称为额定功率。

额定速度：在额定运行状态下，电动机（转子）输出轴的转速，称为额定转速。

额定电压：在额定运行状态下，电动机定子绕组上所施加的线电压值。Y 系列电动机的额定电压是 380V。功率小于 3kW 的电动机，其定子绕组均为星形接法，4kW 以上都是三角形接法。

频率：在额定运行状态下，电动机定子绕组所接电源的频率，也称为额定频率。我国规定的额定频率为 50Hz。

额定电流：施加额定电压，在电动机输出额定功率时，定子从电源取用的线电流值，称为额定电流。

温升：允许电动机的温度与环境温度相比升高的限度，称为温升。

接法：电动机绕组引出端的连接方式：Δ 或 Y 接法。

工作方式：指电动机的运行方式，也称为工作制。分为 S_1—"连续"、S_2—"短时"、S_3—"断续"等。电动高处作业吊篮采用的电动机一般为 S_2"短时工作制"。

功率因数：有功功率与视在功率比值的余弦函数，称为功率因数，用 $\cos\phi$ 表示。有功功率也称平均功率，用 P 表示。视在功率为电压有效值与电流有效值的乘积，用 S 表示。$\cos\phi = P/S$。

注意：三相异步电动机铭牌上标明的功率是额定输出功率，即有功功率。

标明的电流是额定电流＝额定功率 ÷1.732÷ 额定电压 ÷ 功率因数 ÷ 效率。

【例】Y90S-4 电动机，额定功率 1.1 kW，额定电压 380 V，效率 75%，功率因数 0.77，求额定电流和满载时输入功率？

【解】

（1）额定电流＝ 1100÷1.732÷380÷0.75÷0.77 ＝ 2.89（A）。

（2）100% 负载时输入功率＝ 1.1÷0.75÷0.77 ＝ 1.90（kW）。

出于安全考虑，绝大部分电动机不会工作在满载状态，而是在 80% 负载左右。电动机实际消耗的功率，可以通过下述方法测得：用钳形电流表测得电动机输入端三相电流平均值，则：实际功率＝ 1.732× 三相电流平均值（A）× 电压（V）。

1.2.3 常用低压电器

1. 低压电器概述

低压电器定义：工作在交流电压小于 1200V、直流电压小于 1500V 的电路中，起通断、保护、控制或调节作用的电气设备，以及利用电能来控制、保护和调节非电过程和非电装置的电气设备。

低压电器分类：

按用途分 {
主令电器：发送控制指令的电器。如按钮、主令开关、行程开关等。

控制电器：控制电路或系统的电器。例如接触器、控制器、起动器等。

配电电器：电能输送和分配的电器。如断路器、刀开关等。

保护电器：保护电路及设备的电器。如熔断器、热继电器、漏电保护器等。

执行电器：完成某种动作或传动功能的电器。如电磁铁、电磁离合器等。
}

按原理分 {
电磁式电器：依据电磁感应原理来工作的电器。如交直流接触器、各种电磁式继电器等。

非电量控制电器：电器的工作是靠外力或某种非电物理量的变化而动作的电器。如刀开关、速度继电器、压力继电器、温度继电器等。
}

低压电器种类繁多，仅对与高处作业吊篮有关的低压电器进行概要介绍。

2. 按钮

一种结构简单、使用广泛的手动主令电器，称为按钮。

按钮不直接控制主电器的通与断，而是在控制电路中发出通与断的"指令"，控制接触器或继电器来间接控制主电器，以实现远距离的自动控制或实现控制线路的电气联锁。按钮的外形如图 1-22。

26

图 1-22 按钮外形图

吊篮电控系统所使用的电源启动按钮、上升按钮和下降按钮，都属于常开（动合）按钮。常开按钮在无操作动作的通常状态下，其常开触点处于断开状态；当按下按钮时，其常开触点闭合（即动合），接通控制电路。

常用按钮图形符号和文字符号如表 1-4 所示：

常用按钮图形符号和文字符号表　　　　　表 1-4

	常开（动合）按钮	常闭（动断）按钮	复合按钮	急停按钮	钥匙操作按钮
图形符号					
文字符号	BS	BS	BS	BS	BS

3. 行程开关

利用机械运动部件的碰撞使其触头动作来实现接通或分断控制电路，达到设定控制目的一种常用的小电流主令电器，称为行程开关，也称为位置开关或限位开关。

行程开关的种类很多，但结构及工作原理基本相同。通常由触点系统、操作机构和外壳组成。

如图 1-23 所示：行程开关内部有一个微动开关。微动开关有一对常开触头和一对常闭触头。在工作时，撞块碰动滚轮 5 及摇臂 6，进而压下触杆 1，同时使常闭触头 3 断开、常开触头 4 闭合，发出通断信号，从而断开或接通某电路，以达到控制的目的。撞块离开后，靠弹簧 2 的作用，使触头复位。

行程开关的文字符号为 SQ。常用行程开关的图形符号如图 1-24 所示：

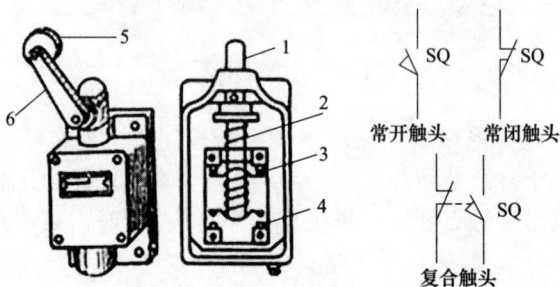

图 1-23　行程开关结构图　　图 1-24　行程开关图形符号

行程开关有自动复位型和非自动复位型两种不同类型。图 1-24 所示的行程开关属于自动复位型，在撞块离开后，靠弹簧的作用可使触头自动复位。非自动复位型行程开关，则在在撞块离开后触头不能自动复位，需手动复位。

4. 接触器

利用线圈流过电流产生磁场，使触头闭合或断开，以达到控制负载的电器，称为接触器。

由图 1-25 所示，交流接触器主要由四部分组成：

（1）电磁系统，包括线圈、动铁芯和静铁芯，靠它带动触点的闭合与断开；

（2）触头系统，包括三副主触头和数对常开、常闭辅助触头，它和动铁芯是连在一起互相联动的，主触头的作用是接通和分断主回路，控制较大的电流，而辅助触头是在控制回路中，以满足各种控制方式的要求；

（3）灭弧装置，一般容量较大的交流接触器都设有灭弧装置，以便迅速切断电弧，免于烧坏主触头；

（4）绝缘外壳及弹簧、传动机构、短路环、接线柱等辅助零件。

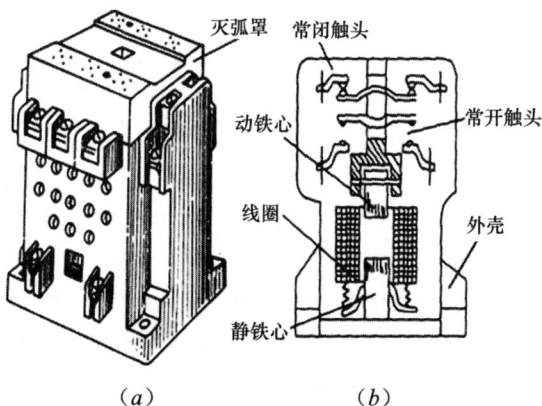

图 1-25 交流接触器

（a）外形圈；（b）内部结构简图

接触器的型号代号如图 1-26 所示：

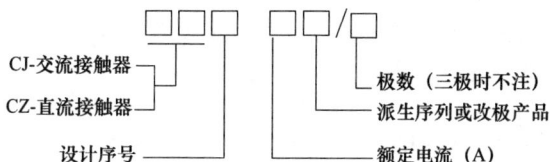

图 1-26 接触器的型号代号

接触器的基本工作原理：当线圈通电时，线圈电流产生磁场，使静铁芯产生电磁吸力，将动铁芯吸合，由于触头系统是与动铁芯联动的，因此动铁芯带动三条动触片同时运行，使主触头闭合，从而接通主电路，同时辅助触头也随之动作。当线圈断电时，电磁吸力消失，动铁芯及其联动部分依靠弹簧力和动铁芯的自重而分离，使主触头断开，切断电源，同时辅助触头回复常态。

接触器的图形符号和文字符号如表 1-5 所示：

5. 转换开关

可供两路或两路以上电源或负载转换用的开关电器，称为万能转换开关，简称转换开关。转换开关由多节触头组合而成，也称为组合开关。

接触器图形符号和文字符号表　　　　　表 1-5

	线圈	常开主触头	常开辅助触头	常闭辅助触头
图形符号				
文字符号	KM	KM	KM	KM

转换开关的文字符号为 SA ；外形和接线表如图 1-27 所示。

图 1-27 中的接线图表显示了转换开关的档位、触头数目及通断状态。在接线图表中用"×"表示触点接通，反之为断开。在图形符号中，用虚线表示操作手柄的位置，用有无"·"表示触点的闭合与打开状态。例如，在图形符号下方的虚线位置上画"·"，则表示当操作手柄处于该位置时，该触点处于闭合状态；若在虚线位置上未画"·"时，则表示该触点处于打开状态。

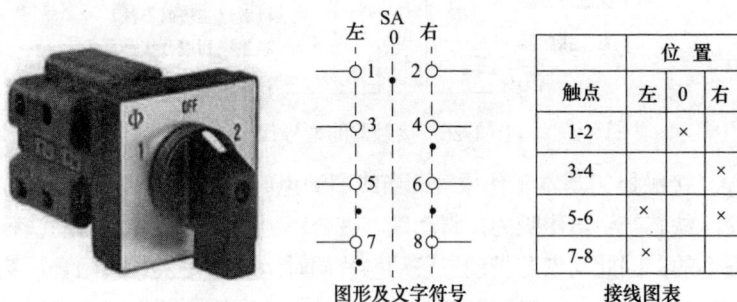

图形及文字符号

触点	位置		
	左	0	右
1-2		×	
3-4			×
5-6	×		×
7-8	×		

接线图表

图 1-27　转换开关外形、图形符号和接线图表

6. 空气断路器

以空气为绝缘介质，当电路中的电流超过额定电流时，能够自动断开电路的开关，称为空气断路器，也称为空气开关。

空气断路器采用手动（或电动）合闸，利用锁扣保持合闸位置，由脱扣机构触发跳闸动作，目前被广泛用于 500V 以下的交、直流电路中，实现接通、分断和承载额定工作电流及防止短路、过载及欠压等保护作用。

空气断路器的文字代号为 QF；图形符号如图 1-28 所示。

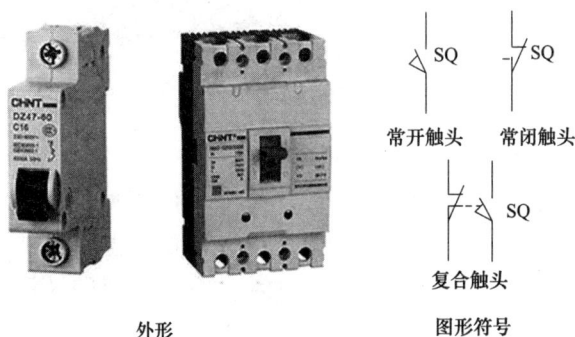

图 1-28　空气断路器

7. 漏电保护器

具有漏电电流检测和判断功能，当主回路发生漏电或绝缘破坏时，能及时断开电路的开关元件，简称漏电开关，也称为漏电断路器。

漏电保护器工作原理：在安装漏电保护器的电路中，保护器的一次线圈与电网电路相连接，二次线圈与保护器的脱扣器连接。在正常运行时，电路中电流呈平衡状态，互感器中电流矢量之和为零，则一次线圈中没有剩余电流，所以不会感应二次线圈，漏电保护器的脱扣装置处于闭合状态。当设备外壳发生漏电或有人触电时，则在故障点产生分流，即漏电电流经人体→大地→工作接地→返回变压器中性点，致使一次线圈产生漏电电流，便会感应二次线圈。当漏电的电流值达到限定的动作电流值时，自动开关脱扣，切断电源。

通过大量试验和研究表明，心室颤动是人体触电致死的最主要原因，而 50 mA·s 是导致发生心室颤动的临界值。实践证明，用 30 mA·s 作为电击保护装置的动作特性可保证安全。

漏电保护器的文字代号为 QF；图形符号如图 1-29 所示。

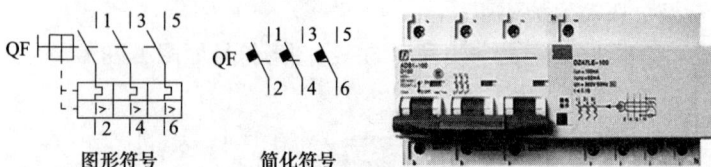

图形符号　　　简化符号

图 1-29　漏电保护器

8. 热继电器

对负载（如电动机）具有过载保护功能的继电器，称为热保护继电器，简称热继电器，也称为过电流保护装置。

热继电器工作原理：由流入串接于负载主电路的热元件的电流产生热量，使膨胀系数差异很大的双金属片发生弯曲变形；当电动机超过额定负荷运行时，其主电路电流增大→增大热元件的发热量→使双金属片的形变达到预定值→推动连杆动作→使控制电路触点断开→从而使接触器失电→断开主电路，实现负载的过载保护。

热继电器的文字符号为 FR，图形符号如图 1-30 所示。热元件串入三相动力电路，常闭触头串接在控制负载（电动机）通断的接触器的电路中。

热继电器有自动复位和非自动复位二种型式，图 1-30 所示为非自动复位型热继电器。其动作后，需按压复位按钮，方可正常工作。

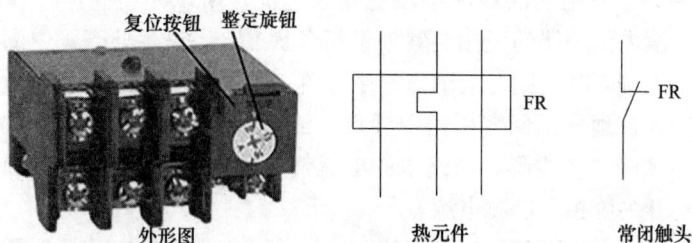

复位按钮　整定旋钮

外形图　　　　　热元件　　　　　常闭触头

图 1-30　热继电器

9. 熔断器

熔断器是当电流超过规定值时，以自身热量使熔体熔断，用

32

以断开电路的电器。

熔断器的文字符号为 FU；图形符号如图 1-31 所示。

图 1-31　熔断器及图形符号

常用低压熔断器有瓷插式（RC）、螺旋式（RL）和密封管式 RM）等多种型式。型号中的第一个字母：R 表示熔断器；第二位字母：C 表示瓷插式，L 表示螺旋式，M 表示熔体密封，T 表示熔管内有填料，S 表示快速熔断；第三位数字：设计序号；第四位数字：熔断器额定电流（A），"/"后数字表示熔体（丝或片）额定电流（A）。

10. **相序继电器**

当三相电源出现相序错误或缺相时，能够自动切断电源，对负载具有保护功能的继电器，称为相序保护继电器，简称相序继电器，也称为相序保护装置。

相序继电器工作原理，如图 1-32 所示。

图 1-32　相序继电器及功能符号

三相电源依次接入相序继电器的 A、B、C 三相的接线点；相序继电器一般设有一常开和一常闭辅助触点，分别接入控制回路中。当相序错误或者缺相的时候继电器的辅助触点动作，常开变常闭，常闭变常开。

当三相主电路的相序正确时，经过相序继电器的阻容元件降压后的输入电压最高→高电压信号驱动执行检测机构动作→相序继电器吸合→触点接通控制电源。相序错误或缺相时，经过阻容元件降压后的电压很低，其电压信号不足以驱动执行检测机构动作，相序继电器处于断开状态，其所控制的电源则被切断。

相序继电器的文字符号为 KVS，图形符号如图 1-32 所示。

1.3 机械基础

1.3.1 常用金属材料及热处理

1. 常用钢材

钢是以铁和碳为主要成分的铁碳合金。

按含碳量的高低，碳钢分为低碳钢（含碳量低于 0.25%）、中碳钢（含碳量高于 0.25%～0.60%）和高碳钢（含碳量高于 0.60%～1.35%）。随着含碳量的增加，钢的硬度和强度增加，但是脆性加大，延伸率下降、焊接性能变差。

（1）化学成分对钢材性质的影响

在冶炼过程中，适量添加某些化学元素，可以获得所需的不同性能的合金钢材，例如：

Cr（铬）——可增加钢材硬度、强度和耐腐蚀性，含铬量超过 13% 的称为不锈钢；

Mn（锰）——可增加钢材强度和耐腐蚀性，在冶炼过程中有助于脱氧和脱硫；

Ni（镍）——可增加钢材强度、韧性和耐腐蚀性；

Mo（钼）——可增加钢材高温强度，防止钢材变脆，常用于热锻模具制造；

W（钨）——可增加钢材硬度和抗磨性，常用于制作形状复杂的金属切削刀具；

Si（硅）——可增加钢材强度。

在钢材的合金元素中，S（硫）和 P（磷）属于有害元素：

S（硫）——使钢材在高温时变脆，具有热脆性；

P（磷）——使钢材在低温时变脆，具有冷脆性。

硫和磷均属于钢材中的杂质，因此在冶炼过程须严格控制硫和磷含量。标准规定，普通钢的含硫量≤0.055%，含磷量≤0.045%；优质钢的含硫量≤0.045%，含磷量≤0.040%；高级优质钢的含硫量≤0.035%，含磷量≤0.030%。

对制作重要机械零件或受力较大的钢结构件所使用钢材，需严格检验控制钢材的硫、磷含量。

（2）常用钢材的牌号及用途

碳素结构钢的牌号由代表屈服强度的字母 Q＋屈服强度数值＋等级符号＋脱氧方式四部分组成。例如 Q235A 钢：

Q——屈服强度代号；235——钢材屈服极限的数值为 235 MPa（兆帕）；A——质量等级代号（质量等级共分 A、B、C、D 四个级别，A 级等级最低，硫磷含量最高）。

Q235A 钢强度较低、塑性一般、可焊性好、价格低廉，常用于一般用途的结构上。较重要的焊接结构则采用 B、C、D 级钢。

优质碳素结构钢的牌号由二位阿拉伯数字或由二位阿拉伯数字＋Mn 组成。例如 08 钢、45 钢或 65Mn 钢：

在 08 钢中，08——表示含碳量为 0.08% 左右；08 钢的延展率高、韧性好，常用于薄壁拉深零件制作，如高处作业安全锁的外壳等；

在 45 钢中，45——表示含碳量为 0.45% 左右；45 钢是用途最广的钢材之一，广泛用于一般强度要求的零件制作；

在 65Mn 钢中，65——表示含碳量为 0.65% 左右，Mn——含锰量不大于 1%；65Mn 属于含锰量较高的优质碳素结构钢，其韧性好、弹性高，常用于一般弹簧等高弹性零件的制作。

低合金高强度钢的牌号由代表屈服强度的字母 Q＋屈服强

度数值＋等级符号三部分组成。例如 Q345D 钢：

Q——屈服强度代号；345——钢材屈服点的数值为 345 MPa（兆帕）；D——质量等级代号（质量等级共分 A、B、C、D、E 五个级别，E 级等级最高）。

Q345 钢的综合机械性能好，强度比 Q235 钢高 47% 左右，耐大气腐蚀性提高 20% ～ 38%，低温冲击韧性也较优越。Q345 钢焊接工艺要求较高，价格较贵，通常应用在承受动荷载的重要结构或对自重要求较轻的结构上。

合金结构钢的牌号由二位阿拉伯数字＋主要合金元素代号及含量＋质量代号三部分组成。例如 40CrA、38CrMoAl 钢：

在 40CrA 钢中，40——含碳量为 0.40% 左右，Cr——含铬量低于 1%，A——质量分级代号（质量共分为优质钢——无代号、高级优质钢——A、特级优质钢——E 三个级别）；40Cr 钢比 45 钢强度高、韧性好、淬透性强，常用于较重要的齿轮和轴类零件制作；

在 38CrMoAl 钢中，38——含碳量为 0.38% 左右，Cr/Mo/Al——含铬/钼/铝量分别低于 1%，无质量代号——优质钢；38CrMoAl 钢比 40Cr 钢强度更高、韧性更好，非常适合氮化处理（俗称氮化钢），用于重要的受冲击荷载很大的零件。

2. 常用铸铁与铸钢

铸铁件是含碳量大于 2.11%，且含有硅、锰、磷的多元铁基合金。铸铁件是将铸造生铁（部分炼钢生铁）加入铁合金、废钢、回炉铁等调整成分，在铸造炉中重新熔化后浇铸成型的零件。

（1）常用铸铁的牌号及用途

以力学性能表示的铸铁牌号，由铸铁基本代号＋力学性能代号组成。

基本代号由表示该铸铁特征的汉语拼音字母的第一个大写正体字母组成，当两种铸铁名称的代号字母相同时，可在该大写正体字母后加小写正体字母来区别。

力学性能代号，有一组数字时，表示抗拉强度值，有两组数字时，表示抗拉强度值＋延伸率值，两组数字中间用"-"隔开。例如，灰铸铁 HT200、球墨铸铁 QT400-17、可锻铸铁 KTH350-10：

灰铸铁具有良好的铸造性、切削加工性、减震性、耐磨性，铸造工艺简单、成本低，广泛用于制造结构形状复杂的零件。

球墨铸铁的抗拉强度、屈服强度、塑性、冲击韧性较高，并具有高耐磨性和减震性，工艺性能好、成本低等优点，现已广泛替代可锻铸铁及部分铸钢、锻钢件，制造曲轴、连杆、轧辊、汽车后桥等重要零件。

可锻铸铁具有一定韧性和强度，气密性好，常用于管道配件及阀门及钢管脚手架扣件等零件。

（2）常用铸钢与铸钢件

铸钢与铸铁虽然同为铁碳合金，但由于含碳、硅、锰、磷、硫等化学元素的百分比不同，结晶后具有不同的金相组织结构，而显示出机械性能和工艺性能的许多不同。

铸钢的塑性和韧性较好，表现为延伸率、断面收缩率和冲击韧性值较高，而铸铁的力学性能表现为硬而脆。铸铁的抗压强度和消震性能比铸钢好，灰铸铁的液态流动性比铸钢好，更适于铸造结构复杂的薄壁铸件。在弯曲试验时，铸铁为脆性断裂，铸钢为弯曲变形，因此，它们分别适用于铸造不同要求的机件，各有不同用途。

以强度表示的铸钢牌号由"铸钢"二字的拼音代号 ZG ＋屈服强度＋抗拉强度数值组成，二组强度数值间用"-"间隔。例如，ZG230-450：

在铸钢 ZG230-450 中，ZG——铸钢，230——屈服强度最低值 230 兆帕（MPa），450——抗拉强度最低值 450 兆帕（MPa）。

3. 常用铝材

（1）铝材的特点

铝材与钢材相比较，最突出的优点：自重轻（其比重为 2.7，钢材比重为 7.85），表面耐腐蚀性强，外观漂亮。其不足之处：

价格较钢材高，硬度、刚度和强度较钢材低，焊接难度较大。

（2）铝合金型材牌号和用途

现行铝合金牌号采用四位数字体系牌号命名方法。四位数字表示铝及铝合金的类别，其含义如下：

1000 系列为工业纯铝，含铝量超过 99%；

2000 系列为 Al-Cu 铝铜合金或 Al-Cu-Mn 铝铜锰合金，含铜量 3%～5% 属于航空铝材；

3000 系列为 Al-Mn 铝锰合金，含锰量 1.0%～1.5%，具有较强防锈功能；

4000 系列为 Al-Si 铝硅合金，含硅量 4.5%～6.0%，具有耐热、耐磨、耐腐蚀特性，焊接性能良好，属于建筑用材料，也适合制作机械零件；

5000 系列为 Al-Mg 铝镁合金，含镁量 3%～5%，具有密度低、强度高、延展性强，疲劳强度好等特性，广泛应用于常规工业领域；

6000 系列为 Al-Mg-Si 铝镁硅合金，集中了 4000 系列和 5000 系列的优点，属于用途最为广泛的工业用材；

7000 系列为 Al-Mg-Si-Cu 铝镁硅铜合金，属于超硬铝合金，具有耐磨性强、焊接性好、可热处理等特性，但国产工业有待提高，目前部分需要进口；

高处作业吊篮的铝合金悬吊平台，基本采用的是 6000 系列铝合金板材和型材。

4. 常用铸造铝合金

（1）铸铝合金牌号和用途

铸铝合金以其重量轻、外观美、耐腐蚀以及加工成型工艺简单，普遍应用在高处作业吊篮提升机的外壳制作上。

铸铝合金的牌号由 ZAl ＋主要合金元素符号＋合金元素含量数百分数组成。例如 ZAlCu4 和 ZAlSi7Mg1A：

在铸铝合金 ZAlCu4 中，ZAl——铸铝合金，Cu4——含铜量 4% 左右；

在铸铝合金 ZAlSi7Mg1A 中，ZAl——铸铝合金，Si7——含硅量 7% 左右，Mg1——含镁量 1% 左右，A——优质铝合金。

（2）常用铸铝合金代号和用途

铸铝合金代号由表示"铸铝"的汉语拼音字母"ZL"及其后面的三个阿拉伯数字组成。ZL 后面第一个数字表示合金的系列，其中 1 表示铝硅、2 表示铝铜、3 表示铝镁、4 表示铝锌系列合金；ZL 后面第二、三位数字表示合金的顺序号；优质合金在其代号后附加字母"A"。

依据现行国家标准《铸造铝合金》GB/T 1173—2013，铸造铝合金的牌号与代号具有一一对应关系。例如，代号 ZL104 的铝合金对应的牌号为 ZAlSi9Mg；代号 ZL105 的铝合金对应的牌号为 ZAlSi5Cu1Mg，属于铝硅合金系列。高处作业吊篮提升机的箱体，常选用 ZL104 牌号的铸铝合金，是典型的脆性材料。

5. 材料的机械性能

材料在各种外力作用下所表现出来的性能称为机械性能。机械性能主要包括：强度、塑性、硬度、韧性及疲劳强度等。

（1）强度

任何物体在外力（也称荷载）作用下均会产生变形，当外力大到使组成物体的材料承受不住的极限时，材料便发生断裂或压溃或永久变形，即被外力所破坏。

强度：材料抵抗（或承受）外力破坏的能力，称为材料的强度。钢材比木材抵抗外力破坏的能力大，即钢材比木材强度高。

由于外力作用在材料的不同部位或不同方向，会引起材料发生不同形式的变形和破坏。根据外力的性质不同，材料抵抗破坏的能力即强度的形式也不相同。一般分为抗拉强度，抗压强度，抗剪强度，抗弯强度和抗扭强度等五种基本形式。

弹性极限：材料在外力作用下只产生弹性变形时所能承受的最大应力，称为弹性极限，用符号 σ_e 表示，单位为帕（Pa）。

屈服极限：材料产生屈服现象时的应力，称为屈服极限、屈服强度或屈服点，用符号 σ_S 表示，单位为帕（Pa）。

强度极限：材料在被拉断或被压溃前，所能承受的最大应力，称为强度极限，或称为抗拉／抗压强度，用符号 σ_b 表示，单位为帕（Pa）。

（2）刚度

任何物体在外力作用下均会产生变形。

刚度：材料在外力作用下抵抗变形的能力，称为材料的刚度。

在相同外力作用下，不同材料的物体变形程度是不相同的。在相同尺寸的钢板与木板的相同部位作用一个完全相等的力，则钢板的变形比木板变形小得多，即钢板比木板刚度大。

（3）弹性

弹性：材料在外力作用下发生变形，而在外力消失后，材料的变形也随之消失并且恢复原状的性能称为材料的弹性。

不同材料的弹性极限不同。对于塑性材料而言，强度越高的材料，其弹性极限越高。

（4）塑性

塑性：材料在外力作用下，其变形超过弹性极限，但仍可继续变形而不立即断裂的性质，称为材料的塑性。

（5）冲击韧性

冲击韧性：材料抵抗冲击荷载作用而不破坏的能力，称为冲击韧性。

材料的冲击韧性由冲击韧性值来衡量。冲击韧性值用符号 a_k 表示，单位为焦耳每平方厘米（J/cm^2）。

在工程上常把 a_k 值低的材料称为脆性材料，a_k 值高的材料称为韧性材料。

（6）疲劳强度

疲劳强度：材料在无限多次交变荷载作用而不会产生破坏的最大应力，称为疲劳强度或疲劳极限。

（7）硬度

硬度：材料抵抗硬物压入表面的能力，称为材料硬度。

硬度是各种零件和工具必须具备的性能指标之一，也是热处

理主要的质量检验标准。最常用的硬度检测指标有下列三种方式:

布氏硬度:以 HB 为度量硬度的指标,适用于硬度不高材料。

洛氏硬度:以 HR(A、B 或 C)为度量硬度的指标,适用于测定布氏硬度计无法检测的硬金属材料。

维氏硬度:以 HV 为度量硬度的指标,适用于测定很薄的金属材料或成品表面层硬度,常用于电镀或氮化处理后的零件表面硬度的检测。

6. 金属零件热处理

(1)热处理概念

热处理:将固态金属或合金采用适当的方式进行加热、保温和冷却以获得所需的组织结构与性能的工艺,称为热处理。

(2)钢的常用热处理方法

1)退火

① 退火的概念:

将钢加热到临界温度以上某一温度,保温一定时间,然后缓慢冷却(一般随炉冷却)的热处理工艺,称为退火。

② 退火处理的主要目的:

a. 降低钢的硬度,提高塑性,以利于切削加工及冷变形加工;

b. 细化晶粒,均匀钢的组织及成分,改善钢的性能或为后续热处理作组织上的准备;

c. 消除钢中的残余内应力,以防止变形或开裂。

2)正火

① 正火的概念:

将钢加热到临界温度以上某一温度,保温一定时间,在空气中冷却的工艺方法。

② 正火处理的目的及应用:

a. 与退火的目的基本相同,但正火比退火用时短、效率高;

b. 可改善低碳钢和低碳合金钢的切削加工性;

c. 可细化材料晶粒;

d. 改善钢的力学性能,并为球化退火作组织准备;

e. 代替中碳钢和低碳合金结构钢的退火处理。

3）淬火

① 淬火的概念：

将钢加热到临界温度以上某一温度，保温一定时间，然后迅速放入相应的冷却介质中，以适当速度进行冷却，以获得马氏体或下马贝氏组织的热处理工艺，称为淬火。

② 淬火处理的主要目的：

获得马氏体，提高钢的强度和硬度。

③ 淬火冷却介质（按冷却速度由低至高排列）：空气、油、水、盐水、碱水等。

4）回火

① 回火的概念：

将淬火后的钢，再次加热到一定温度，保温一定时间，然后冷却到室温的热处理工艺，称为回火。

② 回火目的：

a. 消除工件淬火时产生的残留应力，防止变形和开裂；

b. 调整工件的硬度、强度、塑性和韧性，使其达到使用性能要求；稳定组织与尺寸，保证加工精度；改善和提高加工性能。

③ 回火处理的分类及应用：

a. 回火处理的效果：随着回火温度的升高，钢的强度、硬度下降，而塑性、韧性提高。按回火温度不同，回火处理分为低温回火、中温回火和高温回火三种方法。

b. 低温回火：将工件加热到250℃以下进行的回火，目的是保持淬火工件高的硬度和耐磨性，降低淬火残留应力和脆性，应用于刃具、量具、模具、滚动轴承、渗碳及表面淬火的零件等。

c. 中温回火：将工件加热到250～500℃之间进行的回火，目的是得到较高的弹性和屈服点，适当的韧性。应用于弹簧、锻模和冲击工具等。

d. 高温回火：将工件加热到500℃左右进行的回火，也称为调质处理。其目的是得到强度、塑性和韧性都较好的综合力学性能，广泛用于各种较重要的受力结构件，如连杆、螺栓、齿轮及轴类零件等。

5）表面热处理与化学热处理

① 表面热处理与化学热处理的目的

使零件表面具有较高硬度和耐磨性，而其心部仍有足够的塑性和韧性。

② 常见处理方法

a. 对于 20 钢、20Cr 钢、18CrMnTi 等含碳量低的钢材制造的齿轮、凸轮等零件采用渗碳处理工艺，来增加钢件表层的含碳量，经过淬火后，可使其表面淬硬，芯部仍保持高的强韧性；

b. 对于 45 钢、40Cr 等中碳钢制造的齿轮、凸轮和重要轴类零件，采用表面高频淬火工艺，来获得表面高硬度及高耐磨性，芯部保持高强韧性；

c. 对于 40Cr、38CrMoAl 等合金结构钢制造的重要齿轮和轴类零件，采用渗氮工艺，来获得表面高耐磨性，在进行渗氮处理之前需进行调质处理，以保持其芯部的高强韧性。

1.3.2　常用机械传动

1. 机械传动概述

（1）机械传动

利用构件和机构把运动和动力从机器的动力部分传递到机器的执行部分的中间环节，称为机械传动。

常用机械传动方式如图 1-33 所示：带传动、链传动、齿轮传动和蜗杆传动。

带传动　　　　　　　链传动　　　　　　齿轮传动　　　　　杆传动

图 1-33　常用机械传动方式

（2）传动比的概念

在机械传动系统中，其始端主动轮与末端从动轮的角速度或转速的比值，即输入速度与输出速度的比值，称为传动比。

传动比用英文字母 i 表示。传动比的计算公式如下：

$$i = \frac{n_1}{n_2} \tag{1-13}$$

式中　n_1——主动轮输入转速，单位：转 / 分钟（n/min）；

　　　n_2——从动轮输出转速，单位：转 / 分钟（n/min）。

2. 带传动

（1）带传动定义

利用皮带作为中间挠性件来传递运动或动力的传动方式，称为带传动。

（2）带传动工作原理

1）摩擦型带传动的基本工作原理

利用张紧在带轮上的皮带与带轮之间的摩擦力来传动运动和动力。如图 1-34（a）所示，将传动带套在主动带轮 1 和从动带轮 2 上，对传动带施加一定的张紧力，带与带轮接触面之间就会产生正压力。主动轮 1 转动时，依靠带和带轮之间的摩擦力来驱动从动轮 2 转动。

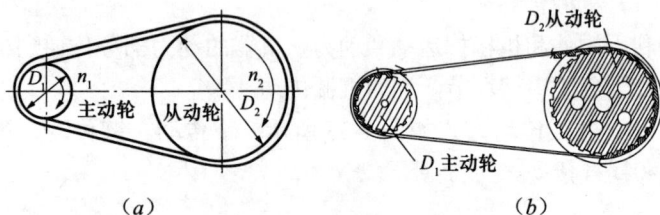

图 1-34　带传动工作原理图
（a）摩擦型；（b）同步齿形

2）同步齿形带传动的基本原理

依靠齿形带与齿形皮带轮的啮合来传递运动和动力。如图 1-34（b）所示，将内侧带有齿形的传动带套在外周带齿的主动轮 1 和从动轮 2 上。当主动轮 1 转动时，依靠与传动带之间齿形啮合驱动传送带运动，传送带再啮合从动轮 2 转动。同步齿形带传动综合了皮带传动和齿轮传动的优点，类似于链传动，是一种新型传动方式。

（3）带传动传动比

在皮带传动中，两个带轮的传动比 i 与两轮的直径成反比。即：

$$i = \frac{n_1}{n_2} = \frac{D_2}{D_1} \qquad （1\text{-}14）$$

式中　n_1——主动轮输入转速，单位：转 / 分钟（r/min）；

　　　n_2——从动轮输出转速，单位：转 / 分钟（r/min）；

　　　D_1——主动轮直径，单位：毫米（mm）；

　　　D_2——从动轮直径，单位：毫米（mm）。

（4）带传动特点

1）优点：

① 结构简单，传动平稳、噪声小，能缓冲吸振；

② 适用于中心距较大的传动场合；

③ 经济传动比较大，允许传动比 i 可达到 7；

④ 摩擦型传动带在过载时，传动带会在带轮上打滑，可对起到过载保护的作用；

⑤ 平带传动适用于高速传动、平行轴间的交叉传动或交错轴间的半交叉传动。

2）缺点：

① 传动效率低（约为 0.9）；

② 结构不紧凑；

③ 传动功率有限，适用于 50kW 以下的中小功率传动；

④ 传动带的使用寿命短，不宜在高温、易燃以及有油和水的场合使用；

⑤ 摩擦型传动不能保证准确的传动比。

（5）带传动的安装与调试

带传动的安装与调整是否得当，将直接影响到带传动正常工作和使用寿命。对于带传动的安装与调整应注意以下几点：

1）在安装时，应保证两带轮中心线平行，且端面与轴的中心线垂直；

2）主、从动轮的轮槽应安装在同一平面内；

3）应通过调整带轮中心距或张紧装置，使皮带保持适当张紧程度；在中等中心距的情况下，用拇指按压，以压下皮带1.5cm为宜；

4）使用一段时间后，应及时调整皮带的张紧度，避免因皮带松弛而影响动力正常传送及皮带快速磨损。

（6）带传动的失效形式

带传动的失效形式主要有带与带轮之间的磨损、打滑和疲劳破坏。

3. 链传动

（1）链传动概述

1）链传动定义

利用链条作为中间挠性件，依靠链轮轮齿与链节啮合来传递运动或动力的一种啮合传动方式，称为链条传动，简称链传动。

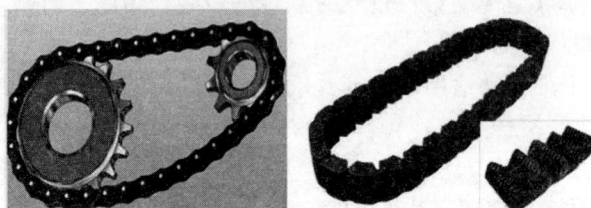

（a）   （b）

图1-35　链传动

（a）套筒滚子链；（b）齿形啮合链

2）传动链的型式

传动链主要有套筒滚子链和齿形啮合链两种型式。

套筒滚子链由内链板、外链板、套筒、销轴、滚子组成。外链板固定在销轴上，内链板固定在套筒上，滚子与套筒间和套筒与销轴间均可相对转动，因而链条与链轮的啮合主要为滚动摩擦。套筒滚子链可单列使用和多列并用，多列并用可传递较大功率。套筒滚子链比齿形链重量轻、寿命长、成本低。在动力传动中应用较广。

（2）链传动的传动比

在链传动中，两个链轮的传动比 i 与两轮的齿数成反比。即：

$$i=\frac{n_1}{n_2}=\frac{Z_2}{Z_1} \tag{1-15}$$

式中　n_1——主动轮输入转速，单位：转 / 分钟（n/min）；

　　　n_2——从动轮输出转速，单位：转 / 分钟（n/min）；

　　　Z_1——主动轮齿数，单位：个；

　　　Z_2——从动轮齿数，单位：个。

（3）链传动特点

1）优点（与带传动比较）：

① 工作可靠，无滑动，平均传动比确定；

② 传递功率大，可达 100 kW；

③ 所需张紧力小，作用在链轮轴和轴承上的力较小；

④ 传动效率高，可达 98%；

⑤ 在相同工况下，传动尺寸较小，结构紧凑；

⑥ 能用一根链条同时带动几根彼此平行的轴传动；

⑦ 能在温度较高，湿度较大的较恶劣的环境中使用。

2）缺点：

① 只能用于平行轴间的传动；

② 由于链节作多边形运动，瞬时传动比不恒定，高速传动不平稳；

③ 传动时有噪音与冲击；

④ 不宜在荷载变化很大和急促反向的传动中应用；

⑤ 磨损后链条节距变大，易造成链条脱落；

⑥ 制造费用比带传动高，安装和维护要求高。

4. 齿轮传动

（1）齿轮传动定义

利用轮齿相互啮合来传递运动或动力的一种啮合传动方式，称为齿轮传动。

（2）齿轮传动分类

按两齿轮轴线方位不同，齿轮传动有三类传动方式。

1）两轴平行传动的圆柱齿轮机构，如图 1-36 所示：

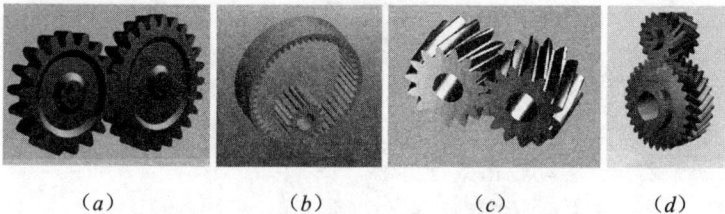

（a）　　　　　（b）　　　　　（c）　　　　　（d）

图 1-36　两轴平行传动的圆柱齿轮机构

（a）直齿圆柱外啮合传动；（b）直齿内啮合传动；
（c）斜齿圆柱外啮合传动；（d）人字齿传动

2）两轴相交传动的齿轮机构，如图 1-37 所示：

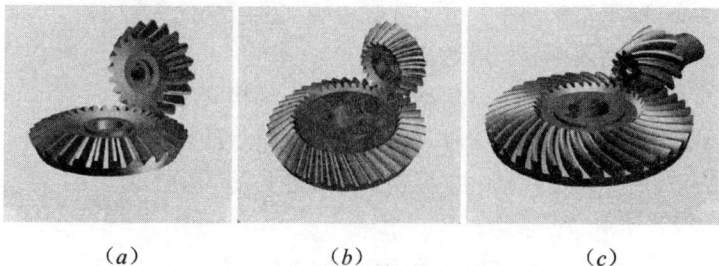

（a）　　　　　　　（b）　　　　　　　（c）

图 1-37　两轴相交传动的齿轮机构

（a）直齿圆锥齿轮传动；（b）斜齿圆锥齿轮传动；（c）曲线齿圆锥齿轮传动

3）两轴交错传动的齿轮机构，如图 1-38 所示：

（3）渐开线齿轮

按齿轮的齿廓曲线可分为渐开线齿轮、摆线齿轮和圆弧齿轮。重点介绍应用最为广泛的渐开线齿轮。

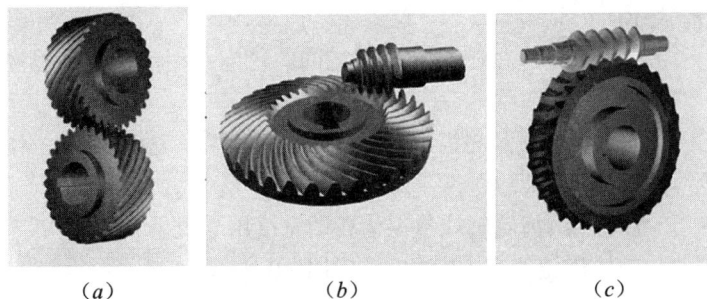

图 1-38　两轴交错传动的齿轮机构

（a）螺旋齿轮传动；（b）曲面齿圆锥齿轮传动；（c）蜗杆传动

1）渐开线齿轮各部分名称与符号，如图 1-39 所示：

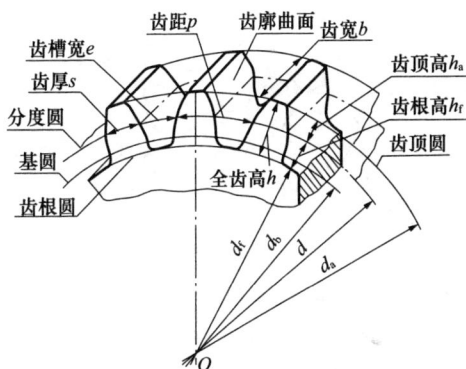

图 1-39　渐开线齿轮各部名称及符号

① 齿顶圆：齿顶所在圆，称为齿顶圆，其直径用 d_a 表示，半径用 r_a 表示；

② 齿根圆：齿槽底部所在圆，称为齿根圆，其直径用 d_f 表示，半径用 r_f 表示；

③ 分度圆：具有标准模数和标准压力角的圆，称为分度圆，其直径用 d 表示；

④ 周节：相邻两齿在分度圆上对应点间的弧长，称为周节，用 p 表示；

⑤ 齿顶高：齿顶圆与分度圆之间的径向距离，称为齿顶高，

用 h_a 表示；

⑥ 齿根高：齿根圆与分度圆之间的径向距离，称为齿根高，用 h_f 表示；

⑦ 齿高：齿顶圆与齿根圆之间的径向距离，称为齿高，用 h 表示，$h = h_a + h_f$；

⑧ 齿宽：沿齿轮轴线量得齿轮的宽度用 b 表示。

2）圆柱齿轮的基本参数，如图 1-40 所示：

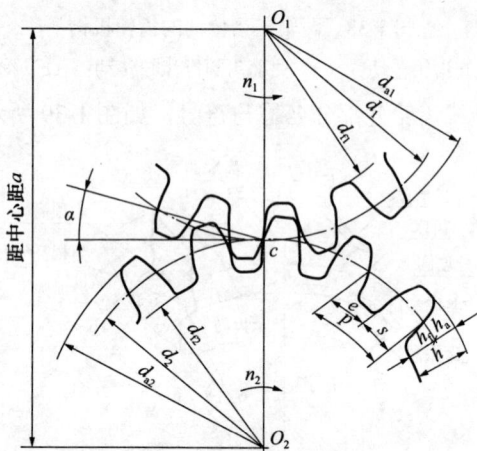

图 1-40　圆柱齿轮基本参数

① 模数：分度圆上的周节 p 对 π 的比值称为模数，用 m 表示，即：$m = p/\pi$，模数单位为毫米（mm）；模数是齿轮几何尺寸计算的基础；分度圆直径 $d = m \cdot Z$（Z 为齿轮齿数）；

② 标准压力角：渐开线齿轮分度圆上齿廓的压力角，称为标准压力角，我国标准规定标准压力角，$\alpha = 20°$，在工程上未加以指明的压力角均指标准压力角 α；

③ 齿数：轮齿的数量，称为齿轮的齿数，用 Z 表示；

④ 中心距：一对齿轮相互啮合传动时，两齿轮轴线之间的距离，称为中心距，用 a 表示；

一对标准直齿圆柱齿轮传动时，两齿轮的分度圆相切，且作纯滚动，其中心距公式如下：

$$a=r_1+r_2=\frac{m(Z_1+Z_2)}{2} \tag{1-16}$$

式中 a——中心距，单位：毫米（min）；

m——齿轮模数，单位：毫米（min）；

r_1——主动齿轮分度圆半径，单位：毫米（min）；

r_2——从动齿轮分度圆半径，单位：毫米（min）；

Z_1——主动轮齿数，单位：个；

Z_2——从动轮齿数，单位：个。

⑤ 传动比：在齿轮传动中，两个齿轮的传动比 i 与两齿轮的齿数成反比。齿轮传动的传动比计算公式，与链传动的传动比公式（1-15）相同，即：

$$i=\frac{n_1}{n_2}=\frac{Z_2}{Z_1}$$

（4）齿轮传动特点

1）优点：

① 瞬时传动比恒定，传递运动正确可靠；

② 适用功率和圆周速度范围较宽；

③ 传动效率高，可达 98% 以上；

④ 可实现任意两轴之间的传动；

⑤ 结构紧凑、体积小，适用于近距离传动；

⑥ 使用寿命长。

2）缺点：

① 传动距离较小，不适合远距离传动；

② 无过载保护作用；

③ 制造和安装精度高，成本较高；

④ 精度不高的齿轮，传动时的噪声，振动和冲击大，污染环境；

⑤ 需要经常润滑；

⑥ 传递直线运动不如液压传动和螺旋传动平稳。

（5）齿轮失效形式

如图 1-41 所示：

图 1-41　齿轮主要失效形式
（a）轮齿折断；（b）齿面点蚀；（c）齿面胶合；
（d）齿面磨损；（e）齿面塑性变形

1）轮齿折断

一般由严重过载、瞬时冲击或超过轮齿弯曲疲劳极限引起。多发生在齿根部分。

改善措施：根据具体情况，适当增大模数或齿宽；选择适当材料及热处理方法等；以提高齿根弯曲疲劳强度。

2）齿面点蚀

当齿面接触应力超过疲劳极限时，轮齿表面将产生微裂纹，经高压油挤压使裂纹扩展、微粒剥落，形成麻点即点蚀。点蚀首先出现在节线处，齿面越硬，抗点蚀能力越强。软齿面闭式齿轮传动常因点蚀而失效。

3）齿面胶合

多发生在高速重载传动中，常因啮合区温度升高而引起润滑失效，致使齿面金属直接接触而相互粘连。当齿面相对滑动时，较软的齿面沿滑动方向被撕下而形成沟纹即胶合现象。

改善措施：提高齿面硬度；减小齿面粗糙度；对于低速传动，增加润滑油黏度；对于高速传动，添加抗胶合添加剂等。

4）齿面磨损

多发生在开式齿轮传动的工况，由于润滑不良或不洁净；齿面存在较大相对滑动摩擦，加速齿面非正常磨损。

改善措施：减小齿面粗糙度；改善润滑条件，清洁环境；提高齿面硬度。

5）齿面塑性变形

多发生在低速重载或频繁启动的工况。

改善存在：增加润滑油黏度；提高齿面硬度；降低启动频率。

5. 蜗杆传动

（1）蜗杆传动概述

1）蜗杆传动定义

在空间交错的两轴间传递运动和动力的一种传动型式。两轴线间的夹角可为任意值，常用的为 90°。

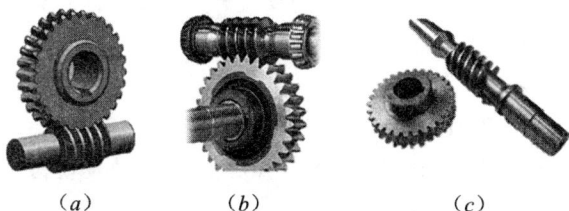

图 1-42　蜗杆传动

（a）蜗杆传动示意；（b）单头蜗杆传动；（c）双头蜗杆传动

2）蜗杆分类

按蜗杆螺旋线数量分，有单头蜗杆和多头蜗杆。

单头蜗杆：蜗杆上只有一条螺旋线。当蜗杆旋转一周时，蜗轮转过一齿。其传动比 $i = Z_2$（Z_2 为蜗轮齿数）。

多头蜗杆：蜗杆上有两条或两条以上螺旋线。

蜗杆传动传动比 i 计算公式：

$$i = \frac{n_1}{n_2} = \frac{Z_2}{Z_1} \qquad (1\text{-}17)$$

式中　n_1——蜗杆输入转速，单位：转 / 分钟（r/min）；

　　　n_2——蜗轮输出转速，单位：转 / 分钟（r/min）；

　　　Z_1——蜗杆头数，单位：个；

　　　Z_2——蜗轮齿数，单位：个。

（2）蜗杆传动特点

1）优点

① 传动比大，结构紧凑

在动力传动中，一般传动比 $i = 10 \sim 80$；在分度机构中，i 可达 1000。这样大的传动比如用齿轮传动，则需要采取多级传动才行，所以蜗杆传动结构紧凑、体积小、重量轻。

② 传动平稳、噪声小

因为蜗杆与蜗轮轮齿啮合是连续不断的，蜗杆齿没有进入和退出啮合的过程，因此工作平稳，冲击、震动、噪声都比较小。

③ 具有自锁性

当蜗轮齿数较多时，蜗杆的螺旋升角很小；此时只能由蜗杆带动蜗轮传动，而蜗轮不能带动蜗杆转动。

2）缺点

① 蜗杆传动效率低

蜗杆传动效率一般只有 $0.7 \sim 0.9$；尤其是具有自锁性的蜗杆传动，其效率在 0.5 以下。

② 发热量大、齿面容易磨损

由于在传动中，蜗杆与蜗轮齿面之间为滑动摩擦，会产生较大的热量，需要在设计时，进行热平衡计算，将其发热量限制在可控范围内。

③ 制造成本高

蜗杆需采用优质合金结构钢制作，且需多道热处理；蜗轮需采用耐磨性高的贵重材料制作；蜗杆与蜗轮的加工精度要求高，需专用设备进行加工。

（3）蜗杆传动的失效形式

蜗杆传动的失效形式有齿面磨损、齿面点蚀、齿面胶合和轮齿折断，其原因与齿轮失效的原因基本相同。

1.3.3　常用机械零件

常用机械零件包括轴、轴承、联轴器、离合器、制动器、键和销等。

1. 轴系零件

轴是组成机器的重要零件之一，用于支承所有转动零部件，传递回转运动、扭矩且承受荷载。

（1）轴的结构

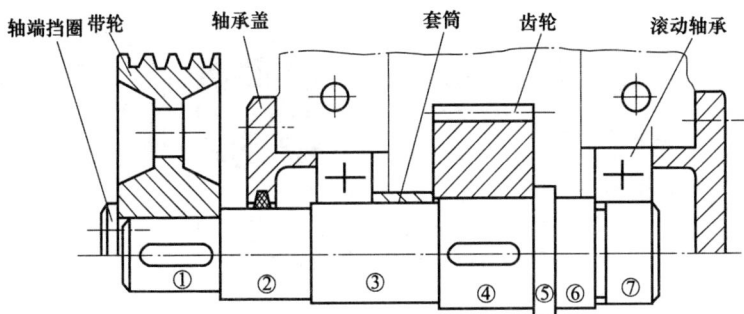

图 1-43　轴的典型结构

如图 1-43 所示：轴主要由轴颈、轴头和轴身三部分组成。

轴颈：与轴承或座孔相配合的轴段（图 1-43 中③、⑦段）称为轴颈。轴颈用于支承轴及其上的所有零件。

轴头：与轮毂相配合的轴段（图 1-43 中①、④段）称为轴头。

轴身：连接轴颈与轴头的轴段（图 1-43 中②、⑥段）称为轴身。

（2）轴上零件的轴向定位

轴向定位的目的是防止轴上零件发生轴向相对移动，影响轴系的正常传动。轴常用的轴向定位方式有：

1）轴肩定位

轴肩是指阶梯轴上截面尺寸变化的部位。采用轴肩定位简单可靠，能够承受较大轴向力。在图 1-43 中，右侧轴承即采用⑥-⑦轴段的轴肩来定位的。

2）轴环定位

轴环是单独的环形零件，也称为轴套或套筒。轴环套装到轴上，具有与轴肩类似的轴向定位功能。转速较高的轴不宜采用，会影响轴的动平衡。

3）轴端挡圈定位

轴端挡圈能承受较大的轴向力，仅限于固定轴端零件。在图 1-43 中，左侧轴端的带轮采用的就是轴端挡圈固定方式。

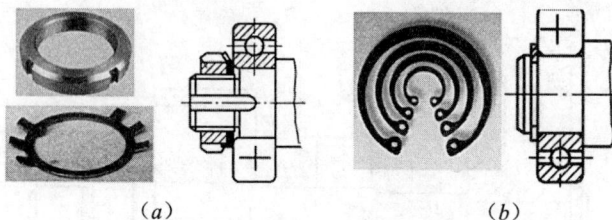

（a）　　　　　　　　　　　　（b）

图 1-44　圆螺母与弹性挡圈定位

（a）螺母与退垫片定位；（b）弹性挡圈定位

4）螺母定位

采用螺母进行轴向定位，操作简单、便于调整。需采用双螺母自锁或加止退垫片锁止螺母，如图 1-44（a）所示。

5）弹性挡圈定位

采用弹性挡圈进行轴向定位，无需加大轴的直径，适合轴承定位。需切环槽，削弱轴的强度，承受轴向力小，如图 1-44（b）所示。

2. 轴承

（1）滑动轴承

1）摩擦状态

滑动轴承按摩擦状态不同，分为干摩擦、半液体摩擦和液体摩擦三种状态。

① 干摩擦状态——摩擦表面无润滑剂，摩擦阻力大，易发热，很少采用；

② 半液体摩擦状态——摩擦表面之间有不完全的油膜，用于高速轻载场合，应用最为广泛；

③ 液体摩擦状态——摩擦表面之间的油膜将摩擦表面完全隔开，用于低速高负荷场合。

2）常用轴瓦的材料

① 轴承合金（巴士合金）——在以锡或铅软基底内悬浮硬晶粒（锑）的合金；摩擦系数小、抗磨性强；机械强度低，常用于发动机曲轴轴瓦；分锡基（锡锑）合金和铅基（铅锑）合金。

② 青铜——强度高、承载力大、耐磨性、导热性好；需与淬硬磨光的轴径配合。

③ 铝合金——强度中等、耐腐蚀、导热性好；常制成双金属轴瓦。

④ 粉末冶金——采用粉末冶金材料制成含油轴承，具有自润滑性。

⑤ 铸铁——价格便宜，用于低速无冲击的场合。

3）失效形式

① 滑动轴承的主要失效形式

摩擦表面磨损、胶合、疲劳破坏等。

② 避免滑动轴承失效的措施

a. 对轴承材料要求具有良好的减摩性、耐磨性和抗胶合性；

b. 良好的顺应性，嵌入性和磨合性；

c. 足够的强度和必要的塑性；

d. 良好的耐腐蚀性、热化学性能（传热性和热膨胀性）等。

（2）滚动轴承

1）基本功能与结构

如图 1-45 所示，滚动轴承一般由内圈、外圈、滚动体和保持架四部分组成：

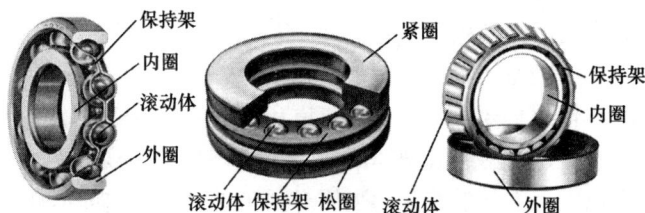

图 1-45 滚动轴承结构

① 内圈——安装在轴颈上，随轴转动，其作用是与轴相配合并与轴一起旋转；

② 外圈——安装在轴承座孔内，一般不转动，与轴承座相配合，起支撑作用；

③ 滚动体——是滚动轴承的核心元件，借助保持架均匀分布在内圈和外圈之间滚动，其形状、大小和数量直接影响着滚动轴承的使用性能和寿命；

④ 保持架——将滚动体均匀隔开，避免其相互摩擦，引导滚动体旋转并起润滑作用。

2）类型与代号

滚动轴承代号由基本代号、前置代号和后置代号三部分构成。

基本代号：由类型代号、尺寸系列代号和内径代号组成。

① 类型代号：由一位数字或英文字母表示。

常用滚动轴承类型代号：0—双列角接触球轴承；1—调心球轴承；2—调心滚子轴承和推力调心滚子轴承；3—圆锥滚子轴承；4—双列深沟球轴承；5—推力球轴承 6—深沟球轴承；7—角接触球轴承；8—推力圆柱滚子轴承。

② 尺寸系列代号：由两位数字组成。前一个数字表示宽（高）度系列代号；后一个数字表示直径系列代号。

③ 内径代号：由两位数字组成。

当轴承内径小于 20mm 时，内径 10mm、12mm、15mm、17mm 的轴承，对应轴承内径代号分别为 00、01、02、03；当轴承内径在 20～480mm 范围内的，用内径尺寸（毫米）除以 5 的商数来表示内径代号。

3）失效形式

滚动轴承主要失效形式：滚道和滚动体表面疲劳点蚀、过度磨损，内圈、外圈或滚动体断裂，保持架严重变形或破断等。

避免轴承失效的措施：采用专用工具进行安装或拆卸；合理调整轴承间隙；保持良好的润滑条件和清洁的运行环境。

4）特点

① 优点

a. 摩擦阻力小，功率消耗小，机械效率高，易起动；

b. 尺寸标准化，适用于大批量生产，精度高，具有互换性；

c. 结构紧凑，重量轻，轴向尺寸小；

d. 负载大，磨损小，使用寿命长；

e. 便于安装拆卸，维修方便；

f. 只需要少量润滑剂便能正常运行。

② 缺点

a. 噪声大；

b. 轴承座的结构比较复杂；

c. 成本较高；

d. 即使轴承润滑良好，安装正确，防尘防潮严密，运转正常，它们最终也会因为滚动接触表面的疲劳而失效。

3. 联轴器

（1）联轴器的概念

用来联接主动轴和从动轴，使之共同旋转以传递扭矩的机械零件，称为联轴器。

（2）联轴器的分类

联轴器按结构不同可将其分为刚性联轴器和挠性联轴器两大类。

1）刚性联轴器

常用刚性联轴器有套筒联轴器、凸缘联轴器、十字滑块联轴器、齿式联轴器和万向联轴器等。

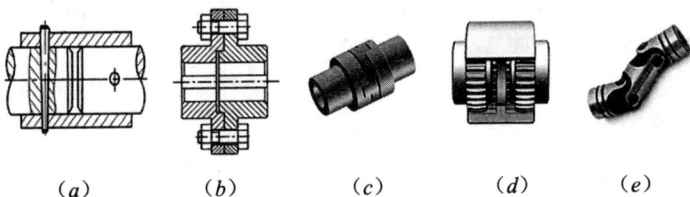

| (a) | (b) | (c) | (d) | (e) |

图 1-46　刚性联轴器

（a）套筒式；（b）凸缘式；（c）十字滑块式；（d）齿式；（e）万向式

① 套筒联轴器：利用公用套筒以键连接或销连接等方式，分别联接两轴的联轴器。

如图 1-46（a）所示，套筒联轴器结构简单、径向尺寸小、转动惯量小、成本低；但对中性要求非常高，装拆不方便。适用于低速、轻载、无冲击荷载，工作平稳的场合，最大工作转速一般不超过 250 r/min。

② 凸缘联轴器：把两个带有凸缘的半联轴器用普通平键分别与两轴连接，然后用螺栓把两个半联轴器连成一体，以传递运动和转矩的联轴器。

如图 1-46（b）所示，结构简单，制造方便，成本较低，工作可靠，装拆、维护均较简便，传递转矩较大，能保证两轴具有较高的对中精度，一般常用于荷载平稳，高速或传动精度要求较高的轴系传动。

③ 十字滑块联轴器：由两个在端面上开有凹槽的半联轴器和一个两面带有凸牙的中间盘组成的联轴器，又称滑块联轴器。因凸牙可在凹槽中滑动，故可补偿安装及运转时两轴间的相对位移。

如图 1-46（c）所示，十字滑块联轴器结构简单、安装方便、免维护，高扭矩，高刚性，使用寿命长、性能稳定可靠，容许大的径向和轴向偏差；但不适合高速传动场合。

④ 齿式联轴器：由齿数相同的内齿圈和带外齿的凸缘半联轴器等零件组成的联轴器。

如图 1-46（d）所示，齿式联轴器承载能力大，常用于低速重载工况条件的轴系传动。国内外均广泛采用鼓形齿式联轴器，其外齿制成球面，可允许较大的角位移，可改善齿的接触条件，提高传递转矩的能力，延长使用寿命。

⑤ 万向联轴器:利用其机构的特点，使存在轴线夹角的两轴，实现联接并传递转矩和运动的联轴器。

如图 1-46（e）所示，万向联轴器最大的特点是，其结构具有较大的角向补偿能力，结构紧凑，传动效率高。万向联轴器两轴线夹角可达到 45°。

2）弹性联轴器

常用的弹性联轴器有：弹性套柱销联轴器、弹性柱销联轴器等。

图 1-47　弹性联轴器

（a）弹性套柱销式；（b）弹性柱销式

① 弹性套柱销联轴器

利用一端套有弹性套（橡胶材料）的柱销，装在两半联轴器凸缘孔中，以实现两半联轴器的联接。

如图 1-47（a）所示，弹性套柱销联轴器结构简单，安装方便，更换容易，尺寸小，重量轻；但弹性套柱销联轴器的缓冲和减震性不高，补偿两轴之间的相对位移量较小。其广泛应用于冲击荷载不大，且电动机驱动底座刚性好，对中精确的各种中小功率传动轴系中。

② 弹性柱销联轴器

弹性柱销联轴器：利用若干非金属弹性材料制成的柱销，置于两半联轴器凸缘孔中，通过柱销实现两半联轴器联接。

如图 1-47（b）所示，弹性柱销联轴器结构简单，容易制造，装拆更换弹性元件比较方便，不用移动两联轴器；但弹性件工作时受剪切，工作可靠性差，仅适用于中速传动轴系，不适用于作可靠性要求较高的工况，例如起重机械的提升机构的传动轴系绝对不能选用弹性柱销联轴器。

1.3.4　常用机械连接

1. 概述

机械连接：将两个或两个以上零件采用机械方式固定在一起

的方式称为连接。连接分为可拆连接和不可拆连接。

高处作业吊篮的各部件、构件与零件之间，最常用的连接方式有螺纹连接、键连接、销连接和焊接。

2. 螺纹连接

（1）常用螺纹连接方式

常用螺纹连接方式有普通螺栓连接、铰制孔螺栓连接、双头螺柱连接和螺钉连接等，如图1-48所示。

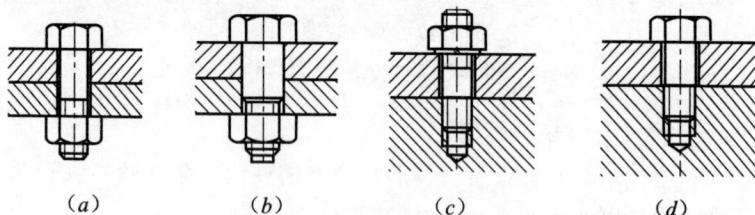

图1-48　常用螺纹连接方式

（*a*）普通螺栓；（*b*）铰制孔螺栓；（*c*）双头螺柱；（*d*）螺钉

① 普通螺栓连接：孔与螺杆之间有间隙，被连接件上无需切制螺纹，拆装方便。此连接属于受拉螺纹连接，适用于经常拆卸的一般场合。

② 铰制孔螺纹连接：孔与螺杆之间无间隙，被连接件上无需切制螺纹，拆装方便。此连接属于受剪螺纹连接，适用于承受横向荷载的场合。

③ 双头螺柱连接：孔与螺杆之间有间隙，拆装方便。适用于被连接件之一较厚，经常拆卸的场合。

④ 螺钉连接：被连接件之一需切制螺纹，拆装方便。适用于被连接件之一较厚，不经常拆卸的场合。

（2）螺纹连接的技术要求

1）对于重要的螺纹连接，应根据其规格及强度等级，参照表1-6确定预紧力矩。预紧力矩过小，连接体之间的摩擦力不够，会使连接失效；预紧力矩过大，若超过螺栓材料的屈服点，螺栓被拉长，产生塑性变形，会使预紧力迅速降低，连接也将失效。

2）拧紧后，应使螺栓露出螺母 2 ～ 3 螺距。露出过短，会降低连接强度；露出过长，则增加拆装工作量，增加整机自重和螺栓成本。

3）高强螺栓连接应加装高强平垫圈，不得随意加装弹性垫圈，否则影响连接刚度和强度。

4）螺纹连接应根据具体连接特点，采用适当的防松措施。

5）螺栓组连接，应采用正确的拧紧顺序。其原则是先内后外，并且须对称交叉逐次拧紧。

6）更换螺栓和螺母时，不仅规格尺寸要求相同，而且强度等级不得降低。

7）螺栓连接后，在正式工作前，必须逐个进行检查。

高处作业吊篮常用普通螺纹紧固件预紧力矩对照表　表 1-6
（单位：N·m）

性能等级	4.6	4.8	5.8	6.8	8.8	10.9	12.9
应力（MPa）	230	310	380	440	600	830	970
M12	33 ～ 39	45 ～ 53	55 ～ 64	64 ～ 76	86 ～ 103	119 ～ 141	141 ～ 167
M14	53 ～ 63	71 ～ 85	87 ～ 103	103 ～ 120	137 ～ 164	189 ～ 224	224 ～ 265
M16	82 ～ 96	112 ～ 132	136 ～ 160	160 ～ 188	214 ～ 256	295 ～ 350	350 ～ 414
M20	160 ～ 192	216 ～ 258	264 ～ 312	312 ～ 366	417 ～ 500	576 ～ 683	683 ～ 808

3. 键连接

键连接分单键连接和花键连接。

（1）单键连接

单键连接是最常用的周向定位连接方式。如图 1-49 所示，根据键的不同形状分为平键、半圆键和楔键三种型式。

1）普通平键依靠键的两侧面定位并传递扭矩，加工制作简单、装配方便；轴向需另行定位，传递扭矩受限。

2）半圆键也依靠键的两侧面定位并传递扭矩，加工制作简单、对中性好，适用于锥形轴或薄型轮毂定位；半圆形键槽对轴的削弱较大，只适合轻载连接。

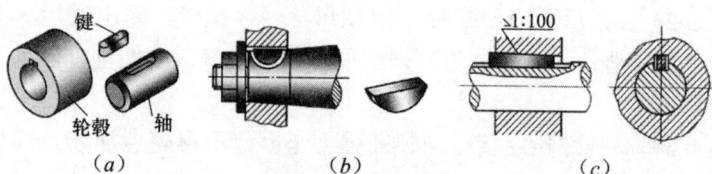

图 1-49　单键连接

（a）平键连接；　（b）半圆键连接；　（c）楔键连接

3）楔键依靠键的上下面定位并传递扭矩，装配方便，轴向无需另行定位；拆卸不方便，往往制成头部带钩的钩型楔键，以便于拆卸。

（2）花键连接

1）花键连接也是轴类零件较常用的周向连接定位方式。如图 1-50 所示，花键连接由沿轴和轮毂孔圆周方向均布的多个键齿相互啮合进行周向定位。

2）根据键的齿形不同分为矩形、渐开线和三角形花键三种型式，见图 1-50（b）。

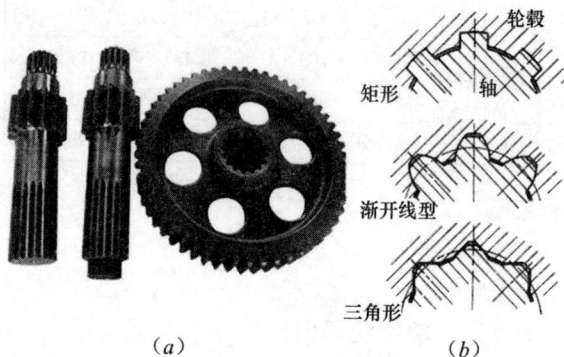

图 1-50　花键连接

（a）花键实物；　（b）花键齿形

4. 销连接

（1）销连接可用于轴与轮毂间的连接与定位，可以传递较小的扭矩，如图 1-51（a）所示。

（2）销除被用作轴与轮毂间的连接定位、传递运动和动力之外，还常被作为相邻零件间相互位置的定位销，如图1-51（b）所示。

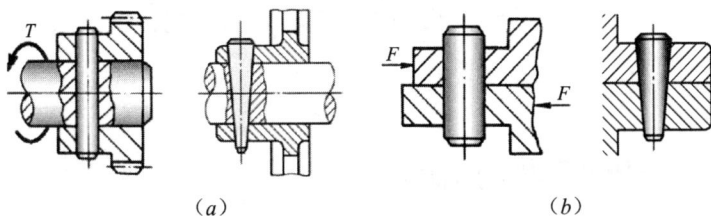

图 1-51　销连接

（a）传递扭矩；（b）定位用

（3）销连接有圆柱销和圆锥销两种型式。

1）圆柱销利用较小过盈量固定在销孔中，标准圆柱销与定位孔之间的配合为 D7/m6，适用于不经常拆装的场合。

2）圆锥销的定位精度和可靠性较高，标准圆锥销的锥度为 1∶50，多次拆装不会影响定位精度，但不适用于盲孔使用。

2 高处作业吊篮基础知识

2.1 高处作业吊篮概述

2.1.1 高处作业吊篮简介

1. 高处作业吊篮的发展简况

（1）高处作业吊篮的定义

高处作业吊篮是用于幕墙安装、外墙装饰、外墙保温以及外墙清洗和修缮等建筑高处作业机械设备。按照《高处作业吊篮》GB/T 19155—2017 定义：吊篮是悬挂装置架设于建筑物或构筑物上，起升机构通过钢丝绳驱动平台沿立面上下运行的一种非常设接近设备。

（2）高处作业吊篮的起源

高处作业吊篮的起源可追溯到 20 世纪 30 年代。1934 年，法国法适达公司发明了全世界第一台手动提升机，配以简易悬吊平台，研制成功手动升降吊篮，开创了高处作业吊篮发展史。两年后，法适达公司把轻质马达（电动机）装配在提升机上，发明了全球首台电动提升吊篮，创造了真正意义的高处作业吊篮。随后，欧洲的卢森堡、比利时、西班牙、芬兰、英国和德国等国家，也相继研制成功各具特色的高处作业吊篮产品。亚洲高处作业吊篮的发展相对滞后，日本于 1956 年以后开始研制与应用高处作业吊篮。

（3）国产高处作业吊篮的发展

我国于 1982 年研制成功第一台高处作业吊篮，至今已走过 30 多年的发展历程。尽管我国高处作业吊篮起步比较晚，但发展却非常迅速。目前，国产高处作业吊篮产品的技术性能和工艺水平，均已达到国际先进水平，已经应用在国内外众多大型工程，如三峡工程、南水北调工程、广州电视塔外筒钢结构工程、港珠澳大桥工程及迪拜塔等著名工程项目。中国现已经成为全球高处作业吊篮制造、销售和使用第一大国。

2. 高处作业吊篮的主要用途

高处作业吊篮以显著的经济、便捷、安全、高效、环保等综合性技术优势，广泛应用于高层建筑外墙安装、涂装、修缮、维护、清洗等工程的载人高处施工作业。

高处作业吊篮在建筑施工领域的广泛应用情况，如图 2-1 所示。

幕墙安装　外墙涂装　粘贴瓷砖　保温施工　装饰修缮

图 2-1　在建筑施工领域的应用

随着高处作业吊篮施工技术的不断进步与完善，其应用范围逐步向更加广泛的领域深入拓展。如图 2-2 所示，高处作业吊篮正在国民经济建设其他领域发挥着巨大作用，例如：

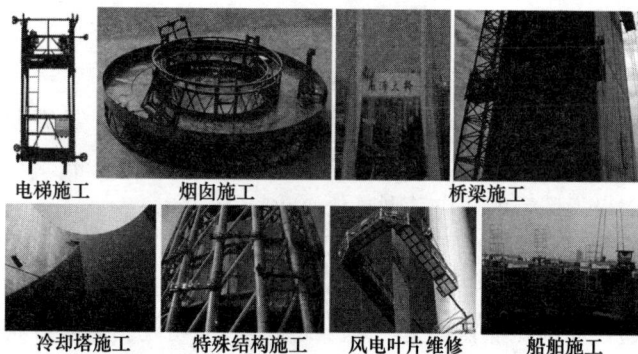

电梯施工　烟囱施工　桥梁施工

冷却塔施工　特殊结构施工　风电叶片维修　船舶施工

图 2-2　高处作业吊篮在其他领域应用概况

（1）大量应用于电梯轨道及轿厢的安装施工，既高效，又安全。

（2）广泛应用于电厂烟囱内壁除尘与维修作业，特别适合此类抢工期项目的施工作业。

（3）适用于桥梁工程建造、安装与维护等各阶段的工程施工。国内外许多著名大桥都采用了高处作业吊篮进行施工。例如，上海南浦大桥、江阴长江大桥、杭州湾跨海大桥以及港珠澳大桥等工程，均取得了良好的施工效果。

（4）应用于电厂冷却塔内壁施工，高效、省钱、环保，综合经济效益显著。例如，在浙江省宁海县建造的亚洲第一大海水冷却塔，仅免除搭设、使用、拆卸脚手架一项，就节省施工费用500多万元。

（5）应用于特殊结构的施工，解决了脚手架难以搭设的施工项目。例如，广州电视塔外筒钢结构涂装项目的成功应用，受到国际同行们的瞩目和点赞。

（6）应用于大型风力发电机组叶片的检查与维修作业，成功地解决了确保风电项目长期稳定运行的维护作业的难题。

（7）应用于船舶制造与维修，以其机动性强、功效高、占据空间小等优势，已被大量采用。

（8）还大量应用于大型罐体、巨型粮库、水利工程大坝等构筑物建造与维护工程。

2.1.2 高处作业吊篮的型号与参数

1. 高处作业吊篮型号的规定

高处作业吊篮属于装修机械类、吊篮组高处施工机械设备。

按动力型式不同分为手动型、气动性和电动型三种型式。其中应用最为广泛的属电动型高处作业吊篮。

按起升机构特性不同分为爬升式、卷扬式和夹钳式三种特性。高处作业吊篮通常采用爬升式提升机进行驱动；卷扬式起升机构通常应用在擦窗机上；夹钳式手动提升机是由起重机具手扳葫芦发展而来，因升降效率低，劳动强度大，故在高处作业吊篮上的应用难以推广，一般应用于楼层不高的施工项目。

《高处作业吊篮》GB/T 19155—2017 规定：高处作业吊篮型号由类、组、型代号、特性代号、主参数代号、悬吊平台结构层数和更新变型代号组成。

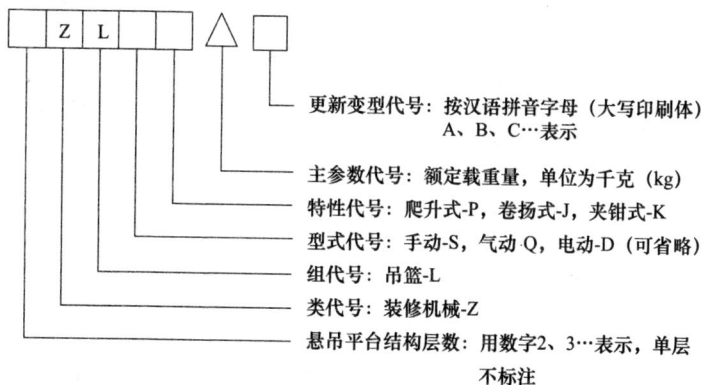

更新变型代号：按汉语拼音字母（大写印刷体）A、B、C…表示

主参数代号：额定载重量，单位为千克（kg）

特性代号：爬升式-P，卷扬式-J，夹钳式-K

型式代号：手动-S，气动-Q，电动-D（可省略）

组代号：吊篮-L

类代号：装修机械-Z

悬吊平台结构层数：用数字2、3…表示，单层不标注

2. 高处作业吊篮标记示例

（1）额定载重量 500 kg 电动、单层爬升式高处作业吊篮，标记为：

高处作业吊篮 ZLP 500　GB/T 19155

（2）额定载重量 800 kg 电动、双层爬升式高处作业吊篮第一次变型，标记为：

高处作业吊篮 2ZLP 800A　GB/T 19155

（3）额定载重量 300 kg 手动、单层爬升式高处作业吊篮，标记为：

高处作业吊篮 ZLSP 300　GB/T 19155

（4）额定载重量 500 kg 气动，单层爬升式高处作业吊篮，标记为：

高处作业吊篮 ZLQP 500　GB/T 19155

（5）额定载重量 300 kg 电动，夹钳式高处作业吊篮，标记为：

高处作业吊篮 ZLK 300　GB/T 19155

3. 高处作业吊篮的主要性能参数

（1）主参数

《高处作业吊篮》GB/T 19155—2017 规定，高处作业吊篮的主参数用额定载重量表示，主参数系列见表2-1。

主参数系列表　　　　　　　　　表2-1

主参数	主参数系列
额定载重量	120、150、200、250、300、400、500、630、800、1000、1250、2000、3000

（2）其他参数的含义

1）额定载重量：由制造商设计的平台能够承受的由操作者、工具和物料组成的最大工作荷载。

2）额定速度：载有额定载重量的平台，施加额定动力，在行程大于 5m 的条件下所测量到的上升和下降的平均速度。

3）总悬挂荷载：施加在悬挂装置悬挂点的静荷载，由平台的额定载重量和平台、附属设备、钢丝绳和电缆的自重等组成。

4）极限工作荷载：由制造商设计的其设备一部分允许承受的最大荷载。

5）锁绳速度：防坠落装置开始锁住钢丝绳时，防坠落装置与钢丝绳之间的相对瞬时速度。

6）锁绳角度：防坠落装置自动锁住安全钢丝绳使平台停止倾斜时的平台底面与水平面的纵向角度。

7）（钢丝绳）安全系数：钢丝绳的最小破断拉力与最大工作静拉力的比值。

8）（悬挂装置）稳定系数：与倾覆力矩相乘的系数。

9）作业高度：平台作业的最高点与自然地平面的垂直距离。

4. 常用高处作业吊篮的型号与主要性能参数

（1）常用型号

在建设工程施工中使用最多的是电动爬升式高处作业吊篮。施工现场最常用的是 ZLP630 型和 ZLP800 型高处作业吊篮。此两款高处作业吊篮的额定载重量适中、技术工艺成熟、性能稳定可靠、维修保养便捷、大批量生产、性价比最高。

（2）主要性能参数

建筑施工现场最常用高处作业吊篮的主要性能参数见表2-2。

常用高处作业吊篮主要性能参数表　　　　表2-2

参数	ZLP630	ZLP800
额定载重量（kg）	630	800
额定升降速度（m/min）	9～11	8～10
提升机极限工作荷载（kN）	6.3	8.0
悬吊平台最大长度（m）	6.0	7.5
电动机功率（kW）	1.5×2	2.2×2
安全锁允许冲击力（kN）	30	30
安全锁锁绳角度（°）	3～8	3～8
安全锁锁绳速度（m/min）	≤30	≤30
整机自重（kg）（不含配重、钢丝绳、电缆线）	约800	约950

2.2　高处作业吊篮基本构造与工作原理

高处作业吊篮基本组成是：提升机、安全锁、悬挂装置、悬吊平台、钢丝绳、电气系统（手动吊篮无电气系统）、安全装置、重锤和配重等部件。

高处作业吊篮基本部件组合成整机的相互关系如图2-3所示。

2.2.1　提升机基本构造与工作原理

提升机是高处作业吊篮的动力装置。其作用是为悬吊平台上下运行提供动力，并且使悬吊平台能够停止在作业范围内的任意高度位置上。

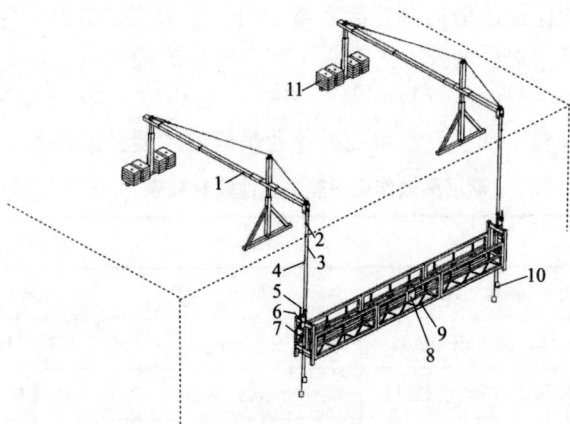

图 2-3　高处作业吊篮基本配置图

1—悬挂装置；2—限位块；3—工作钢丝绳；4—安全钢丝绳；
5—限位开关；6—安全锁；7—提升机；8—电气控制系统；
9—悬吊平台；10—重锤；11—配重

1. 提升机的分类

（1）分类方式

按提升原理不同，提升机主要分为爬升式提升机和卷扬式提升机两种类型（夹钳式提升机很少应用，故本教材不做具体介绍）。国内高处作业吊篮大量使用的是爬升式提升机，卷扬式提升机基本没有应用。卷扬式提升机主要应用在擦窗机上。

提升机按动力不同分为电动提升机、气动提升机和手动提升机三种类型。国内大量使用的是电动提升机和一部分手动提升机，气动提升机几乎没有应用。

（2）电动爬升式提升机

如图 2-4 所示，电动爬升式提升机由电磁制动电动机、减速器和压绳组件组成。

电动爬升式提升机由电动机提供动力，经减速器降低转速并且增加转矩后，带动绳轮旋转。在压绳组件的作用下，使绳轮与缠绕在其上的钢丝绳之间产生摩擦力。在摩擦力作用下，旋转的绳轮便沿着钢丝绳向上爬升（见图 2-5），并且通过提升机箱体带动悬吊平台向上运行。

在制动器的作用下，绳轮停止转动。此时，由于绳轮与缠绕在其上的钢丝绳之间的摩擦力作用，可使绳轮与箱体带着悬吊平台停止在空中。只要摩擦力足够，平台便不会下滑。

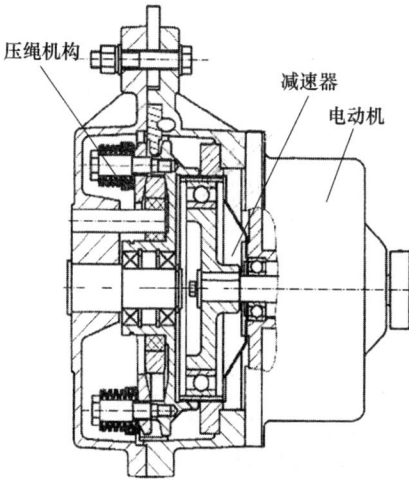

图 2-4　电动爬升式提升机　　　图 2-5　绳轮爬升原理图

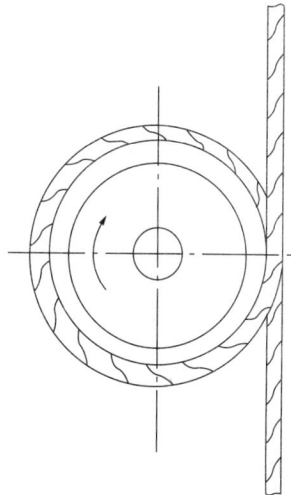

2. 爬升式提升机的绕绳与压绳方式

（1）爬升式提升机的工作原理

爬升式提升机的绳轮与缠绕其上的钢丝绳之间产生摩擦力的相互作用关系，如图 2-5 所示。

在旋转动力（手动、气动或电动等）作用下，绳轮按图示顺时针方向转动。在摩擦力作用下，绳轮便沿钢丝绳向上爬升。绳轮在向上爬升过程中，不断地缠绕着上方的钢丝绳，同时不断地向下方释放钢丝绳。在绳轮上始终只缠绕一定包角的钢丝绳，而不会将钢丝绳卷绕在绳轮上，这便是爬升式提升机的工作原理。由此可见，爬升式提升机可不受高度限制地爬升。

（2）爬升式提升机的绕绳方式与特点

1）常用绕绳方式

爬升式提升机按钢丝绳在机内的缠绕方式不同分为"α"形绕法和"S"形绕法两种形式。如图2-6(a)所示为"α"形绕法，图2-6（b）和图2-6（c）为"S"形绕法。

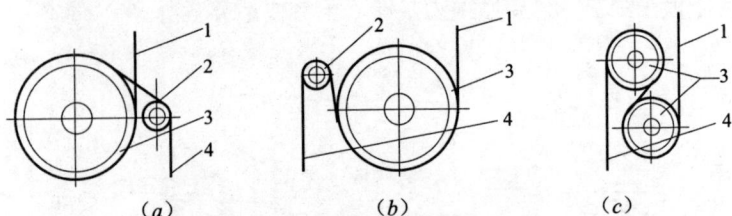

图2-6 常用绕绳方式示意图

（a）"α"形绕法；（b）"S"形绕法；（c）"S"形绕法

1—入绳；2—导绳轮；3—绳轮；4—出绳

2）"α"形绕绳方式的特点

钢丝绳在提升机内以"α"形缠绕在绳轮上。钢丝绳从提升机内穿过时只向一个方向弯曲，承受脉动疲劳荷载，与交变荷载相比较，不易疲劳破坏，可延长钢丝绳使用寿命。

3）"S"形绕绳方式的特点

"S"形提升机有两个绳轮。钢丝绳在提升机内以"S"形缠绕在两个绳轮上。钢丝绳在提升机内向两个方向弯曲，承受交变疲劳荷载，容易疲劳破坏。但由于经过二个绳轮缠绕，钢丝绳的包角较大，可提供较大摩擦力。

（3）爬升式提升机典型的压绳方式与特点

1）"α"形径向压绳式提升机

如图2-7所示，钢丝绳从上方入绳口进入提升机后，穿入绳轮 V 形槽内，缠绕绳轮将近一圈后，由提升机右侧出绳口排出。钢丝绳在机内运动轨迹呈"α"形。

压绳轮在摆杆的杠杆力作用下，由径向将钢丝绳压向绳轮 V 形槽。摆杆的杠杆力来自于弹簧力和由提升力产生的钢丝绳侧向力（该力使摆杆逆时针转动，使压轮产生径向压紧力）。

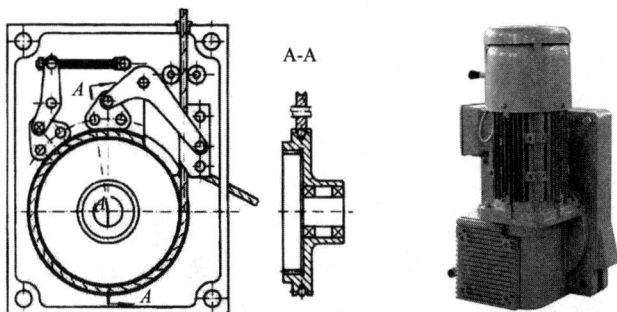

图 2-7　"α"形径向压绳式提升机

2)"α"形轴向压绳式提升机

如图 2-8 所示，钢丝绳从入绳口进入提升机内的绳轮 2 与压盘 1 之间。被轴向夹紧，并且绕绳轮将近一圈后，由出绳口排出。其运动轨迹亦呈"α"形。绳轮与压盘之间的轴向夹紧力，由十几组圆周均布的碟形弹簧 3 提供。在绳轮与压盘之间设有胀环 4。胀环在偏心轮 5 的作用下偏向提升机进绳口和出绳口一侧，将此处压盘撑开，加大了此处绳槽的开度。其作用是使钢丝绳在进、出绳口处不被夹紧，便于进绳和出绳。与此处相对称的区域为夹绳区。

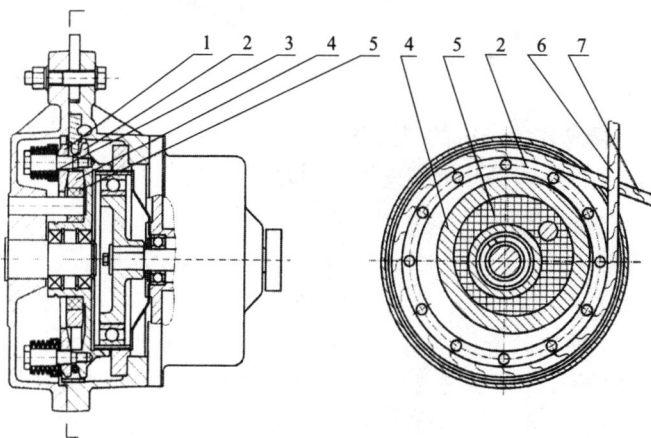

图 2-8　"α"形轴向压紧式提升机

1—压盘；2—绳轮；3—碟形弹簧；4—胀环；5—偏心轮；6 和 7—钢丝绳

此夹绳方式的特点是，钢丝绳进入提升机后被逐渐夹紧，产生提升力；然后逐渐被放松，由出绳口排出。由于钢丝绳在机内的夹紧和放松是逐渐过渡的，夹持力比较柔和，而且钢丝绳在绳槽内无滑移现象，所以钢丝绳表面磨损小，使用寿命长。

3）"S"形轴向压绳式爬升式提升机

如图 2-9 所示，钢丝绳进入提升机后，先缠绕在下部的绳轮上，边绕边被压紧，然后向上绕过上部绳轮，边绕边放松，最后经出绳口排出。钢丝绳在机内运动轨迹呈"S"形。在二绳轮上均设有压盘。其夹绳方式与轴向夹紧式"α"形提升机的夹绳方式相类似。

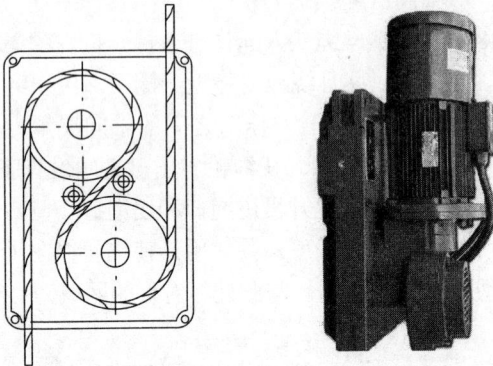

图 2-9　"S"形轴向压绳式提升机

3. 爬升式提升机的减速方式与特点

（1）爬升式提升机减速部分的要求与特点

1）传动比大

提升机的绳轮转速一般在 10 ～ 15r/min 范围内，而电动机转速为 1400r/min 以上，显然必须经过减速部分减速增扭之后，方可使之匹配。由减速比 $i = n_1/n_2$（n_1 为电动机转速；n_2 为绳轮转速）的公式计算得出，爬升式提升机所需减速比 $i = 90 ～ 150$。一般一级齿轮传动的传动比不超过 7；蜗杆传动的传动比超过 40 则传动效率很低，且会自锁。由此可见，爬升式提升机减速部分的传动比大是其特点之一。

2）自重轻

爬升式提升机随悬吊平台一同升降。提升机的自重直接影响高处作业吊篮的有效荷载。另外，高处作业吊篮属于非常设式设备，需频繁拆装移位，所以希望各部件都比较轻巧。就提升机而言，减速部分占其自重的比重较大。因此追求结构紧凑、重量轻、效率高的传动方式是其特点之二。

为适应爬升式提升机的特点，其减速机构的形式多样化，特选几款最常用的典型减速形式进行特点对比。

（2）圆柱齿轮减速机构

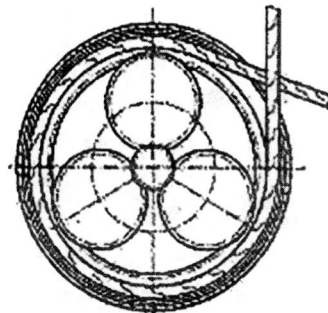

为满足爬升式提升机减速比 $i = 90 \sim 150$ 的要求，采用圆柱齿轮定轴传动的减速机构至少需采用三级减速传动。如图 2-10 所示。

三级圆柱齿轮传动的特点：加工简单，成本较低；但零件数量多，重量大，噪声大。

（3）行星齿轮减速机构

采用行星齿轮的减速机构，一般只需二级减速传动即可满足传动比要求。如图 2-11 所示。

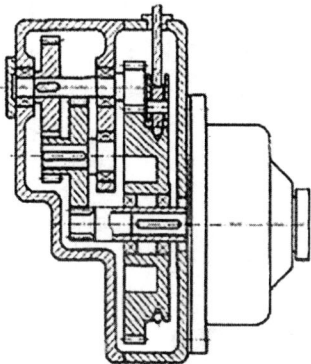

图 2-10　圆柱齿轮减速机构　　图 2-11　行星齿轮减速机构

行星齿轮传动的特点：结构比较紧凑，噪声较小，传动效率高；但零件数量较多，加工精度要求较高，价格较高。

（4）蜗杆减速机构

采用蜗杆减速机构，也只需二级减速传动。如图 2-12 所示。

蜗杆传动的特点：结构紧凑，零件较少，成本低，噪声低；但传动效率低，使用寿命短。经过改进蜗轮材料和参数，并且合理选用润滑油之后，蜗杆减速机构的特性大为改善，现被高处作业吊篮行业广泛采用。

（5）谐波齿轮减速机构

谐波齿轮减速机构只需一级减速传动即可满足速比要求，如图2-13所示。只需波发生器、薄壁轴承、柔轮和钢轮等数个零件组成。

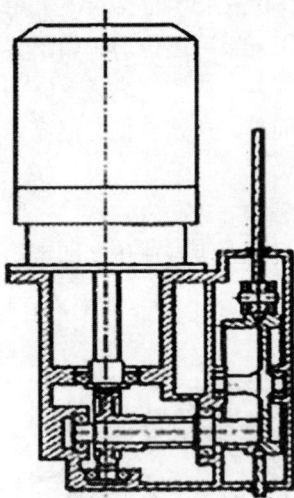

图 2-12　蜗杆减速机构　　　　图 2-13　谐波齿轮减速机构

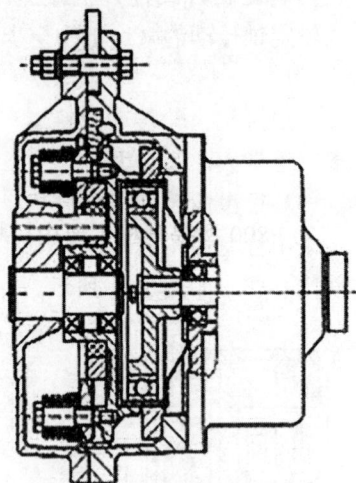

谐波齿轮传动的特点：结构非常紧凑，零件少，体积小，重量轻；但高频噪声大，加工精度要求高，需专业设备进行加工。

4. 常用的爬升式提升机的构造与工作原理

目前在建筑工程施工现场最常用的爬升式提升机有两种型号，即 ZLP630 型和 ZLP800 型。ZLP630 型提升机是典型的"α"形绕绳式提升机；ZLP800 型提升机是典型的"S"形绕绳式提升机。

（1）ZLP630 型提升机的构造与工作原理

1）基本组成（见图 2-14）

ZLP630 型提升机主要由三相异步电磁制动电动机、主箱体、后盖、绳轮（也称带槽内齿轮或大齿圈）、蜗杆、蜗轮、限速制动器、小齿轴、导绳系统（也称导绳块）、进绳管和出绳管等零部件组成。

2）工作原理（见图 2-15）

ZLP630 型提升机的动力由三相异步电磁制动电动机提供。电动机的驱动力矩由电动机输出轴→限速制动器轮毂→单键传动→蜗杆→蜗轮（完成一级蜗杆减速）→单键传动→小齿轴→带槽内齿轮（也称大齿圈，完成二级内齿传动）→绳槽旋转→靠摩擦力卷绕钢丝绳。钢丝绳从提升机箱体上方的入绳口穿入后，经导绳块导入到与大齿圈合为一体的绳轮，呈"α"形状缠绕，经压轮组件下方的压绳轮挤压，产生摩擦力，带动提升机向上爬升。导绳块则将沿绳轮缠绕将近一周的钢丝绳导出提升机出绳口。

（2）ZLP800 型提升机的构造与工作原理

1）基本组成（见图 2-16 和图 2-17）

ZLP800 型提升机主要由三相异步电磁制动电动机、上箱体、下箱体、中间箱体、减速箱体、限速制动器、蜗杆、蜗轮、小齿轴、驱动轮、从动轮、压盘、压盘弹簧、支承组件、进绳管和出绳管等零部件组成。

2）工作原理

ZLP800 型动力由三相异步电磁制动电动机提供。电动机的驱动力矩由电动机输出轴→限速制动器的轮毂→单键传动→蜗杆→蜗轮（完成一级蜗杆减速）→单键传动→小齿轴（也称齿轮轴）→大齿轮（也称驱动轮，完成二级外齿传动）→从动轮（与驱动轮齿数相同，旋转方向相反）→在二个压盘分别与驱动轮和从动轮的共同作用下，呈"S"形绕法的钢丝绳，在圆周分布的压盘弹簧作用下，与钢丝绳之间产生摩擦力，带动提升机向上爬升。二组支承组件则对钢丝绳进行引导，使钢丝绳从进绳口进入下方的驱动轮与压盘之间，旋转近一周后，由支承组件导向从动轮，然后在从动轮上绕行近一周后，沿出绳口导出提升机。

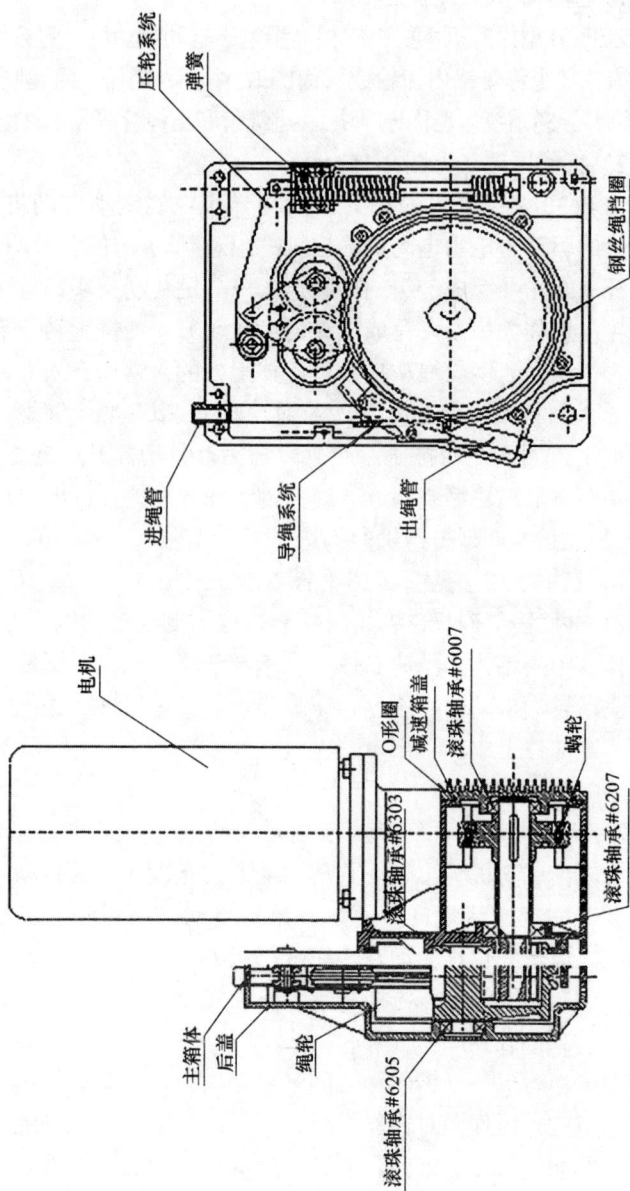

压轮系统

弹簧

钢丝绳挡圈

进绳管

导绳系统

出绳管

电机

O形圈

减速箱盖

滚珠轴承#6007

滚珠轴承#6303

蜗轮

滚珠轴承#6207

主箱体

后盖

绳轮

滚珠轴承#6205

图 2-14　ZLP630 提升机的基本组成

80

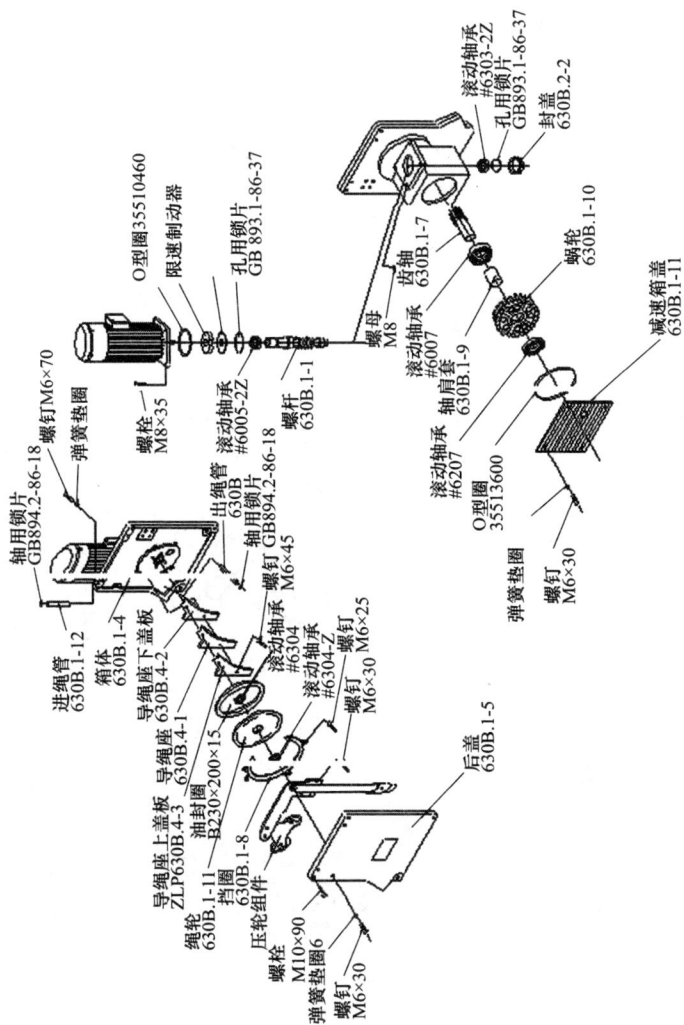

图 2-15 ZLP630 型提升机三维分解图

滚动轴承 #6303-2Z
孔用锁片 GB893.1-86-37
封盖 630B.2-2
O 型圈35510460
限速制动器
孔用锁片 GB 893.1-86-37
蜗轮 630B.1-10
减速箱盖 630B.1-11
齿轴 630B.1-7
螺母 M8
滚动轴承 #6007
轴肩套 630B.1-9
滚动轴承 #6207
O 型圈 35513600
弹簧垫圈
螺钉 M6×30
螺栓 M8×35
滚动轴承 #6005-2Z
螺杆 630B.1-1
轴用锁片 GB894.2-86-18 螺钉 M6×70
弹簧垫圈
出绳管 630B
轴用锁片 GB894.2-86-18
螺钉 M6×45
进绳管 630B.1-12
箱体 630B.1-4
导绳座下盖板 630B.4-2
导绳座 630B.4-1
滚动轴承 #6304
滚动轴承 #6304-Z
螺钉 M6×30
螺钉 M6×25
导绳座上盖板 ZLP630B.4-3
绳轮 630B.1-11
挡圈 630B.1-8
油封圈 B230×200×15
压轮组件
后盖 630B.1-5
螺栓 M10×90
弹簧垫圈6
螺钉 M6×30

81

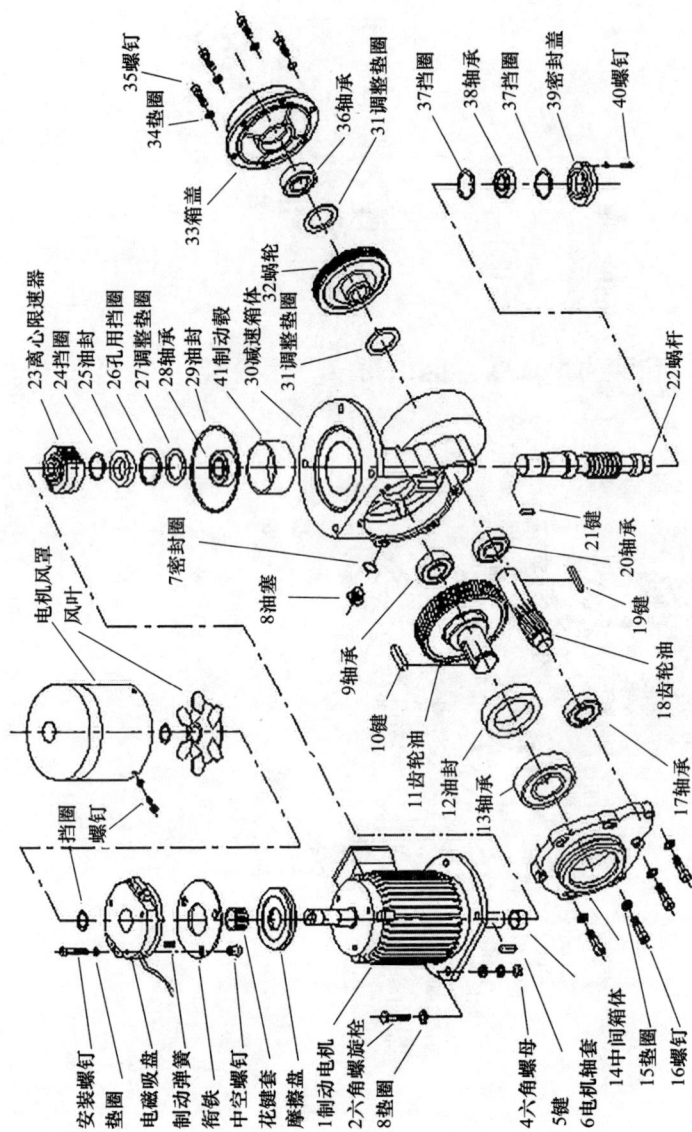

图 2-16 ZLP800 型提升机减速部分三维分解图

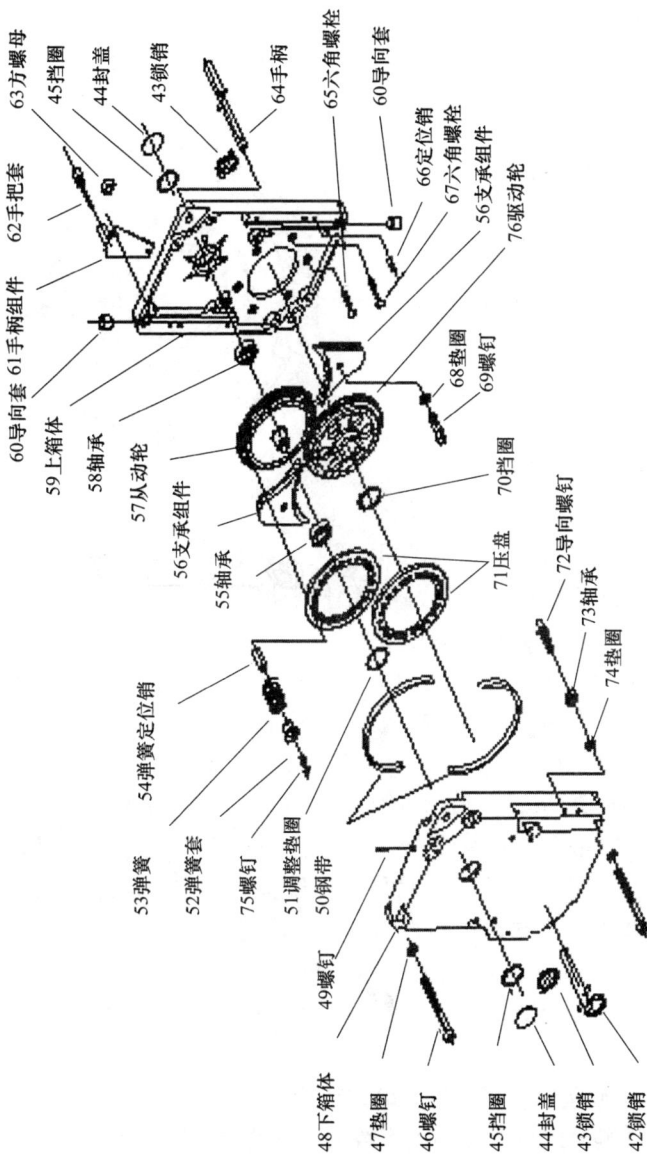

图 2-17 ZLP800 型提升机夹绳部分三维分解图

63方螺母
45挡圈
44封盖
43锁销
64手柄
65六角螺栓
60导向套
66定位销
67六角螺栓
56支承组件
76驱动轮
62手把套
61手柄组件
68垫圈
69螺钉
60导向套
59上箱体
58轴承
57从动轮
70挡圈
56支承组件
55轴承
71压盘
72导向螺钉
73轴承
74垫圈
54弹簧定位销
53弹簧
52弹簧套
75螺钉
51调整垫圈
50钢带
49螺钉
48下箱体
47垫圈
46螺钉
45挡圈
44封盖
43锁销
42锁销

（3）限速制动器的构造与工作原理

ZLP630 型和 ZLP800 型提升机都设有限速制动器（或称下降速度控制装置），用以控制提升机在无动力下降时的速度处于安全范围内。

手动下降速度是靠限速制动器（下降速度控制装置）来控制的。

限速制动器的基本结构如图 2-18 所示，主要由摩擦片、小拉簧、轮毂和离心块组成。

限速制动器直接安装在电动机的输出轴上；限速器的轮毂与电动机输出轴之间采用单键连接；摩擦片与提升机箱体上的制动座孔相对。当电动机

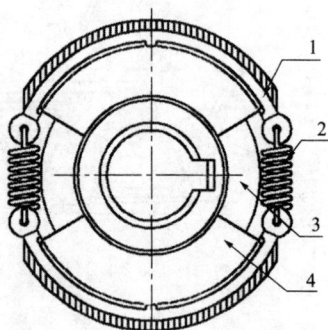

图 2-18　限速制动器
1—摩擦片；2—小拉簧；
3—轮毂；4—离心块

以额定转速旋转时，摩擦片与箱体制动座孔之间保持微小间隙，此时，限速制动器不起作用。

当手动滑降操作或电动机制动器失效时，提升机的下降速度会大于额定速度，并不断增大。当转速达到一定数值时，离心力将拉开离心块两侧的小拉簧，使离心块在离心力作用下，克服小拉簧的拉力向外胀开，消除原有的微小间隙，使摩擦片与箱体制动座孔接触，产生摩擦力矩，使电动机输出轴的转速下降，直至摩擦片离开制动座孔。另外，当摩擦片离开制动座孔后，转速又会增加，又导致离心力的增加，从而产生前述的减速过程。上述两种过程反复循环的结果，将使提升机的下降速度保持在一个固定值附近波动，由此使提升机保持一个基本稳定的下降速度。

5. 电动爬升式提升机的动力部分

电动爬升式提升机绝大多数采用制动电机作为动力，只有少数进口高处作业吊篮的提升机采用普通电动机作为动力，而另配

制动器。

国产高处作业吊篮配备的制动电机分两大类。一类是普通 Y 系列立式制动电机；另一类是盘式制动电机。

（1）普通 Y 系列立式三相异步制动电机

1）基本结构

如图 2-19 所示，Y 系列三相异步制动电机主要由定子 1、转子 2、摩擦盘 3、衔铁 4、松闸手柄 5、弹簧 6 和励磁线圈 7 组成。

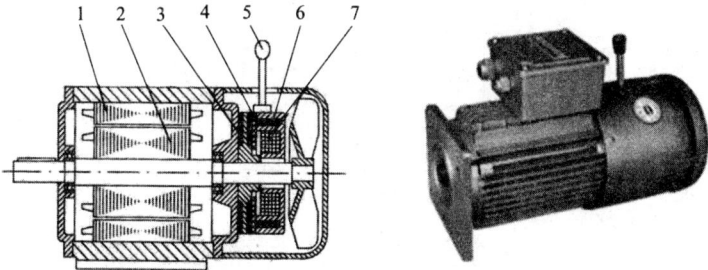

图 2-19　Y 系列三相异步制动电动机
1—定子；2—转子；3—摩擦盘；4—衔铁；
5—松闸手柄；6—弹簧；7—励磁线圈

2）工作原理

接通三相电源后，在定子上产生旋转磁场，在转子上产生电磁转矩，使转子带轴旋转。与此同时，经过降压整流后的直流电源接通励磁线圈，使之产生轴向电磁吸引力，吸引衔铁克服弹簧力，松开摩擦盘解除制动。断电时，电磁转矩与电磁吸引力同时消失。在弹簧力作用下，衔铁将摩擦盘压紧在制动盘上。在摩擦力矩作用下，摩擦盘带动电机轴停止转动。该制动器属于常闭式制动器，通电时释放制动器。

扳动松闸手柄可以手动释放制动器，用于悬吊平台手动滑降时操作。

3）电磁制动器的调整

电磁制动器的调整步骤如下。

衔铁与摩擦盘之间的间隙 D 应在 0.6～0.8mm 范围内，其结构见图 2-20。

调整方法：先松开电磁吸盘 2 上的内六角安装螺钉 1，转动中空螺钉 4，调整好间隙。四周间隙应尽量调得均匀，最后重新拧紧安装螺钉 1。

通电检查电磁制动器的衔铁动作，衔铁吸合后必须与摩擦盘完全脱开。断电时后应无卡滞现象，衔铁在制动弹簧作用下能完全压住摩擦盘。

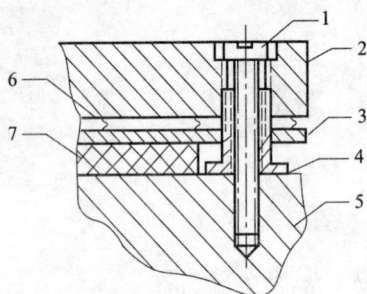

图 2-20　电磁制动器的调整
1—安装螺钉；2—电磁吸盘；3—衔铁；4—中空螺钉；
5—电机端盖；6—弹簧；7—摩擦盘

（2）三相盘式制动电动机

三相盘式制动电动机为全封闭、自冷式；定子、转子均为圆盘状。其转子上装有圆盘状的制动环，故轴向尺寸很短，只是普通三相异步电动机长度尺寸的三分之一左右。

如图 2-21 所示，三相盘式制动电机主要由定子 1、转子 2、摩擦片 3、制动弹簧 4、轴 5 和松闸手柄 6 组成。

工作原理：接通三相电源后，在定中子产生轴向旋转磁场，并在转子导磁条中感应出电流产生旋转磁场；转子与定转子之间相互作用而产生电磁转矩。与此同时，定子对转子产生轴向电磁吸引力，克服制动弹簧力，使转子上的制动环与静止的机壳摩擦面分离，解除制动，使转子带动电机轴自由转动。断电时，电磁转矩与轴向吸引力同时消失。在制动弹簧的作用下，制动环与机壳摩擦产生制动力矩，使电机立即停止转动。该制动器也属于常闭式制动器。

该制动器也设有松闸手柄，用于悬吊平台手动滑降。

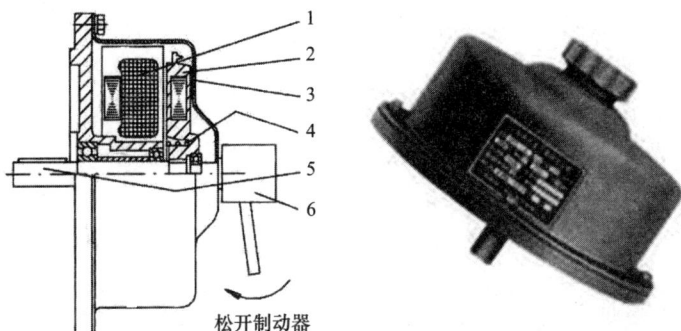

图 2-21　三相盘式制动电机

1—定子；2—转子；3—制动环；4—制动弹簧；5—轴；6—松闸手柄

2.2.2　安全锁基本构造与工作原理

安全锁是高处作业吊篮的安全保护装置。

其作用是：在高处作业吊篮升空作业时，一旦提升机失效，悬吊平台下降失控或工作钢丝绳破断，造成平台过度倾斜或坠落时，安全锁会立即锁定在安全钢丝绳上，避免悬吊平台倾翻或坠落。

1. 安全锁的分类

按触发机构不同，安全锁分为离心触发式安全锁、摆臂防倾式安全锁和断绳保护式安全锁三种类型。

早期国产高处作业吊篮全部使用离心触发式安全锁。自 20 世纪 90 年代末，国内研制出摆臂防倾式安全锁之后，大部分制造厂相继采用了摆臂防倾式安全锁。断绳保护式安全锁只能与手动吊篮配套使用。

任何型式的安全锁，都主要由锁绳机构、触发机构和壳体三部分组成。除触发机构各不相同之外，安全锁的锁绳机构基本相同。

2. 锁绳机构的构造及工作原理

如图 2-22 所示，安全锁的锁绳机构主要由绳夹 1、套板 2、预紧弹簧 3 和定位轴 4 等零件组成。

绳夹内侧纵向有一条半圆槽，用于增加与钢丝绳的接触面积，其左右两侧各有两个半圆形耳状凸台，用于与套板上的双半月形孔配合。

套板尾部圆孔，套装在定位轴上；套板头部的双半月形孔套装在两绳夹的各一个耳状凸台上。

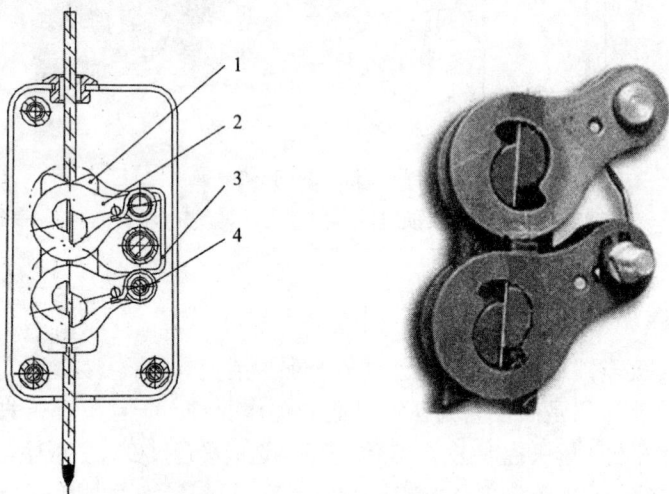

图 2-22　锁绳机构

1—绳夹；2—套板；3—预紧弹簧；4—定位轴

在预紧弹簧作用下，套板绕定位轴顺时针转动，双半月孔则强制两块绳夹相互靠拢，二绳夹便将穿过其纵向半圆槽内的钢丝绳初步夹持住。当钢丝绳向上拉动时，在摩擦力的作用下，带动绳夹向上运动，在套板双半月孔的楔面作用下，二绳夹便夹紧钢丝绳，而且形成自锁效应（即钢丝绳向上拉力越大，二绳夹夹持钢丝绳的夹紧力越大）。

只有当外力作用在套板上方，使其逆时针转动时，才能松开绳夹。这便是安全锁锁绳机构的工作原理。

3. 触发机构的构造及工作原理

（1）离心触发机构的组成和工作原理

如图 2-23 所示，离心触发机构主要由测速轮、压紧轮、离心甩块、弹簧、拔杆和锁块组成。

工作原理：该锁属于常开式安全锁。在未被触发之前，锁绳机构被楔块撑住，处于张开状态。安全钢丝绳从测速轮与压紧轮之间穿过。当安全锁随悬吊平台下降时钢丝绳带动测速轮顺时针转动。对称分布在测速轮上的一对离心甩块被一对拉簧拉住，随测速轮一起转动。当悬吊平台下降速度增大，测速轮的转速也相应增高，离心甩块上的离心力也随之增大。当悬吊平台下降速度达到安全锁设定的锁绳速度（不大于 30m/min）时，离心甩块克服弹簧拉力向外甩出，击打其上方的拔杆。拔杆带动与其同轴联动的楔块转动。楔块便解除对安全锁锁绳机构的约束。锁绳机构在预紧弹簧的作用下，锁住安全钢丝绳，避免悬吊平台超速下降或坠落。

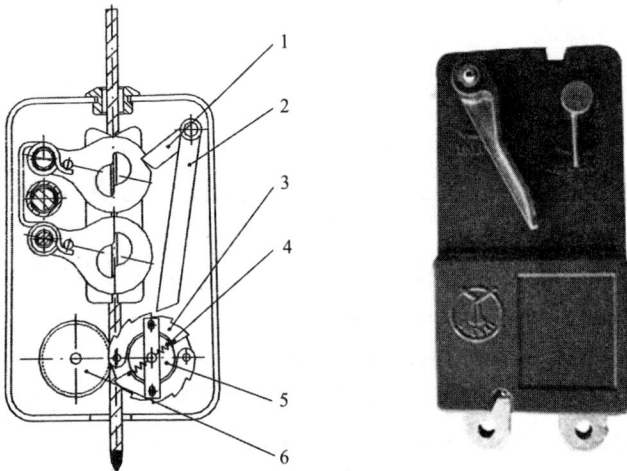

图 2-23 离心触发机构

1—楔块；2—拔杆；3—离心甩块；4—弹簧；5—测速轮；6—压紧轮

离心触发式安全锁有其特定的应用场合，如单吊点和多吊点以及弧形、折角型等异型悬吊平台必须采用。其缺点是抗干扰性差，例如悬吊平台工作时，人员走动过猛，都可能触发其锁绳动作。另外对恶劣环境的适应性差，锁内如进水或积尘，都会影响其触发机构的灵敏性。

（2）摆臂触发机构的组成和工作原理

如图2-24所示，摆臂触发机构主要由滚轮、摆臂和压杆组成。

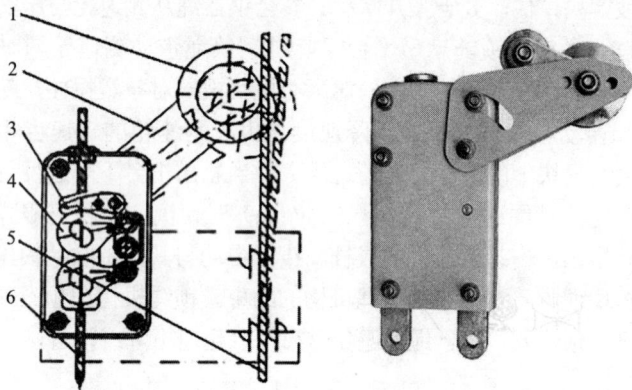

图2-24　摆臂触发机构

1—滚轮；2—摆臂；3—压杆；4—绳夹；5—工作钢丝绳；6—安全钢丝绳

工作原理：该锁属于常闭式安全锁。在自由状态下，其锁绳机构是锁住安全钢丝绳的。当悬吊平台处于水平位置时，滚轮受到工作钢丝绳的侧向压力，使摆臂向上抬起。摆臂经杠杆增力后使压杆向下压住锁绳机构，并且强制锁绳机构松开安全钢丝绳，使悬吊平台正常升降运行。当悬吊平台向下运行并且发生倾斜时，其低端的工作钢丝绳与安全钢丝绳的中心距变大。当悬吊平台倾斜达到锁绳角度 α 时，工作钢丝绳与安全钢丝绳的中心距增大到一定数值。此时滚轮和摆臂在重力和弹簧力的共同作用下向下摆动，使压杆向上抬起，解除对锁绳机构的压迫，使其恢复锁绳状态，制止悬吊平台低端继续向下倾斜。当解除悬吊平台的倾斜状态后，在工作钢丝绳的侧压下，安全锁便自动解除锁绳状态。

当工作钢丝绳突然破断时，由于滚轮失去了侧向压力，安全锁便立即锁住安全钢丝绳，避免发生坠落事故。

由此可见，摆臂防倾式安全锁的触发机构是一种角度探测机构。

摆臂防倾式安全锁零件少，结构简单；抗干扰性强，对恶劣环境的适应性强。其最突出的特点是，可在施工现场便捷地进行锁绳性能的定量自测。其缺点是只能应用于双吊点悬吊平台。

（3）断绳保护式安全锁的组成和工作原理

如图 2-25 所示，该锁属于常闭式安全锁，无触发机构，只有手动开锁机构。

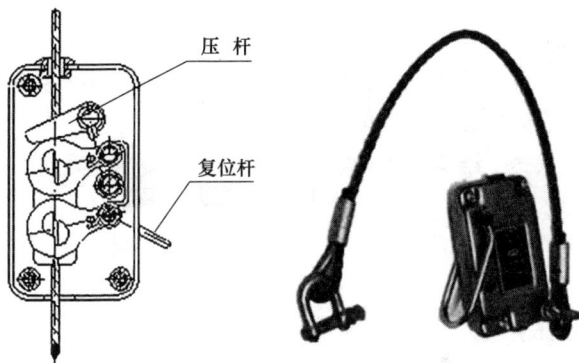

图 2-25　手动断绳保护式安全锁

手动开锁机构由锁外的复位杆与锁内的压杆组成。当悬吊平台升降时，用手向上扳动复位杆。复位杆带动同轴的压杆向下压迫锁绳机构，强迫绳夹松开安全钢丝绳，使安全锁随平台升降。当平台停在空中时，复位杆自然下垂，锁绳机构便仍将钢丝绳锁紧，防止工作钢丝绳破断时，悬吊平台自由坠落。该锁结构更简单，但是只能与手动提升机配套使用。

2.2.3　悬挂装置基本构造与工作特点

悬挂装置是架设于建筑物或构筑物上，通过钢丝绳悬挂悬吊平台的装置；是高处作业吊篮重要的基础结构件，是悬吊平台的"根"。

其作用是：通过悬挂在其端部的钢丝绳承受悬吊平台升空作业时的全部自重、工作荷载和风荷载等的总悬吊荷载。

1. 悬挂装置的类型

由于建筑物或构筑物的顶部或某些用于架设悬挂装置的层面结构、空间和形状各异，所以高处作业吊篮的悬挂装置类型较多。

尽管类型各异，但悬挂装置具有以下共同特点：便于频繁拆装组合；单件重量较轻（应不超过50kg）；具有可伸缩或可调节性。

按力矩平衡方式不同，标准配置的高处作业吊篮的悬挂装置，大致分为附着式和杠杆平衡式两种类型。

2. 附着式悬挂装置

此类悬挂装置的共同特点是：悬挂装置附着在建筑物或构筑物的女儿墙、檐口或某些承重的结构上。悬吊所产生的倾翻力矩，全部或部分靠被附着的建（构）筑结构所平衡。

其优点是：结构简单，零件数量少，不需大量配重块，机动性好。

其缺点是：适用范围较窄，使用的限制条件较多。例如：必须对被附着的结构的强度充分了解；被附着的结构形状比较规则。

图2-26所示，即为最常见的附着式悬挂装置，也称"骑墙马"或"女儿墙卡钳"。

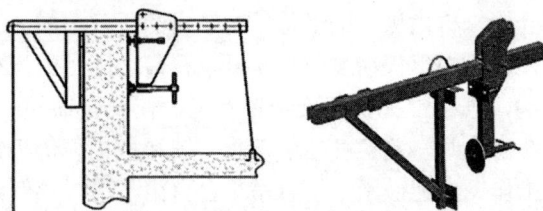

图2-26 附着式悬挂装置

3. 杠杆平衡式悬挂装置

杠杆平衡式悬挂装置也被称为配重悬挂装置，其倾翻力矩全部靠本身结构自重及配重进行平衡。其优点是：适用范围宽，对安装现场无特殊要求。目前在高处作业吊篮上应用得最为广泛。

图 2-27 所示，即为最典型的杠杆式悬挂装置。

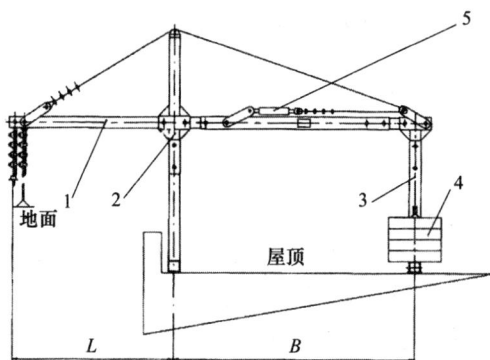

图 2-27　杠杆平衡式悬挂装置

1—横梁；2—前支座；3—后支座；4—配重；5—加强钢丝绳张紧机构

此类悬挂装置主要由横梁1、前支座2、后支座3、配重4和加强钢丝绳张紧机构5组成。

横梁1由前梁、中梁和后梁组合而成。三段梁均采用薄壁矩形管材套接成整体。前、后梁均可伸缩，以便组成不同的外伸长度 L 和不同的支承距离 B，来适应建（构）筑结构的不同需求。

前支座2、后支座3各分为上下两段。通常也采用薄壁矩形管材套接成整体，并且可以伸缩，可改变支座高度，以适应不同高度的女儿墙。

支座上端与横梁采用销轴或螺栓连接。

有的在支座下端横撑上设置脚轮，便于悬挂装置整体平移；设置可调支腿，使支座落地平稳可靠。

后支座3的底部横管上焊有数根立管，用于固定配重。

配重4安装在后支座横管上。其作用就是平衡作用在悬挂装置上的倾翻力矩。其材料一般采用铸铁、特制高强混凝土或外包铁皮混凝土。每块配重的重量为20kg或25kg，便于单人搬运和装卸。

加强钢丝绳张紧机构 5 由加强绳、立柱和索具螺旋扣（俗称花篮螺栓）组成。其作用是增强横梁承载能力，改善横梁受力状况，减小横梁截面尺寸和自重。

2.2.4 悬吊平台基本构造与工作特点

悬吊平台是高处作业吊篮承载作业人员、工具和物料等升空作业的封闭框架形篮状结构。其作用是搭载作业人员、工具和材料进行高处作业。

1. 悬吊平台的类型

（1）按形状分，悬吊平台有矩形平台、圆形平台、环形平台、U 形平台、L 形平台等不同类型。

（2）按吊点数量分，悬吊平台有单吊点、双吊点和多吊点等不同类型。

（3）按平台层数分，悬吊平台有单层平台和双层平台。

2. 矩形悬吊平台

矩形悬吊平台是最常见的悬吊平台型式。其底板呈长方形，四周设置护栏。一般配置二组吊架（或称安装架）与二套提升机和安全锁，采用高强螺栓进行连接。

安装架一般设置在悬吊平台两端，如图 2-28（a）所示；也有少数高处作业吊篮的安装架设置在悬吊平台中间，如图 2-28（b）所示。

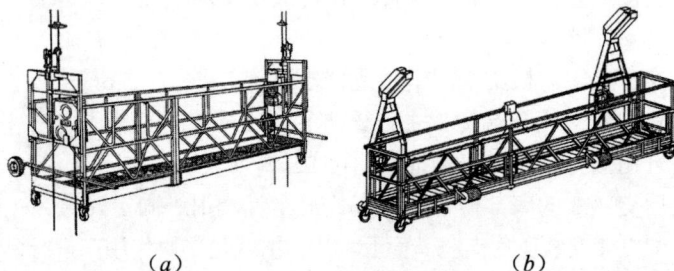

（a） （b）

图 2-28 矩形悬吊平台

（a）安装架在平台两端的平台； （b）安装架在平台中间的平台

两种安装架的设置方式各有所长：前者，安装架结构简单，重量轻；后者，使悬吊平台受力合理，尤其适用于长度尺寸大的悬吊平台。

为便于运输和储存，正规企业批量生产制造的标准配置悬吊平台，由几个标准的基本节组成。每个基本节由护栏和底板组成。最常见的基本节长度为 1.5m 和 2m，可自由组合成 2m、3m、4m、4.5m、5m、6m 和 7.5m 平台。在平台组合完成之后，其长度方向两端设有安装架，用于安装提升机和安全锁。有些悬吊平台的安装架下方还设有脚轮，方便在施工现场移位。

3. 异形悬吊平台

由于作业对象形状各异，为适应不同需求，需要多种异形悬吊平台。例如：图 2-29（a）所示的圆形悬吊平台；图 2-29（b）所示的环形悬吊平台；图 2-29(c) 所示的 U 形悬吊平台；图 2-29 (d) 所示的转角悬吊平台等。

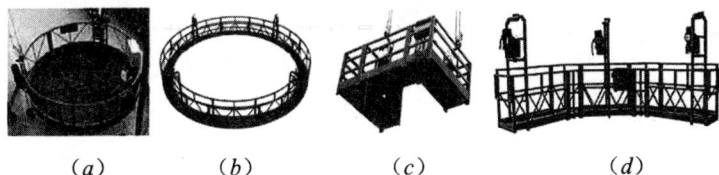

(a)　　　　　(b)　　　　　(c)　　　　　　(d)

图 2-29　异型悬吊平台

(a) 圆形悬吊平台；(b) 环形悬吊平台；(c) U 形悬吊平台；
(d) 转角悬吊平台

4. 特殊悬吊平台

为适应狭小空间或特殊作业需求，出现了单吊点平台和悬挂座椅；为了提高施工效率，出现了双层平台等多种型式的特殊悬吊平台。

（1）单吊点悬吊平台

单吊点悬吊平台如图 2-30 所示，只设有一个安装架与一台提升机、一把安全锁及小平台配套使用。

单吊点悬吊平台体积小，可用于双吊点普通悬吊平台无法施工的狭窄空间进行作业。但应注意，单吊点悬吊平台不能采用摆臂防倾式安全锁，应采用离心触发式安全锁。

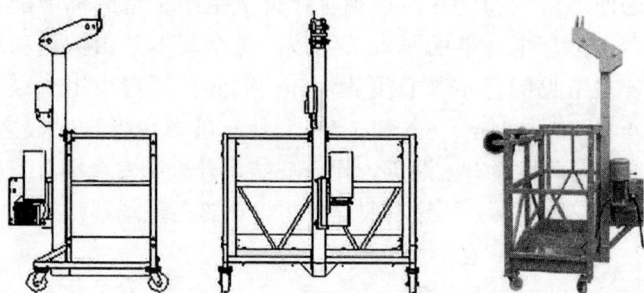

图 2-30　单吊点高处作业吊篮

（2）悬挂座椅

悬挂座椅如图 2-31 所示，由一个安装架与一台提升机、一把安全锁及座椅组成。

由单人乘坐在座椅上进行作业，机动性强，可用于其他悬吊平台无法施工的场所。与座板式单人吊具（俗称登高板）相比较，更加机动、舒适、高效和安全。

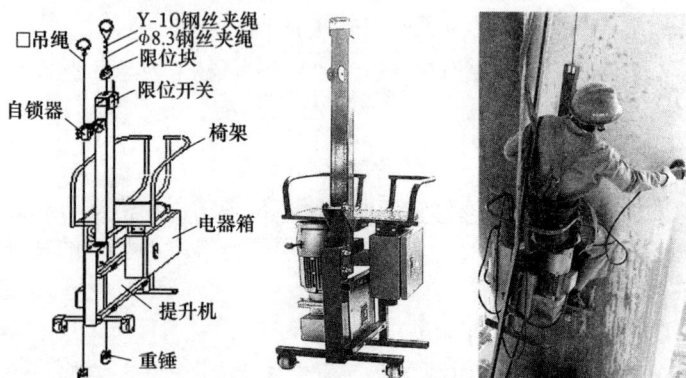

图 2-31　悬挂座椅

（3）双层悬吊平台

双层悬吊平台如图 2-32 所示，由两个单层平台组合而成，可上下两层层同时作业，提高作业效率；尤其适合外墙多工序流水作业的场合。

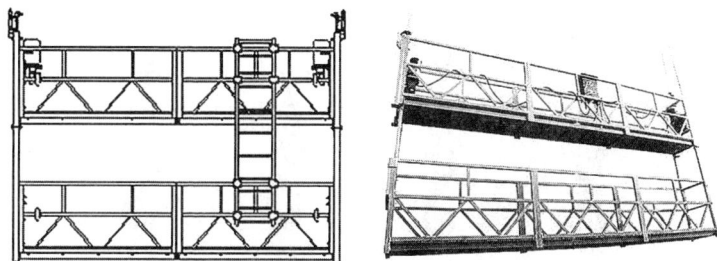

图 2-32　双层悬吊平台

2.2.5　钢丝绳基本结构与工作特点

1．通用钢丝绳概述

（1）钢丝绳的构造

除单股钢丝绳之外，一般钢丝绳均由多支绳股捻制而成，称为多股钢丝绳。多股钢丝绳先由多根钢丝捻制成绳股，然后再由多支绳股捻制成钢丝绳。钢丝绳的具体构造如图 2-33 所示。

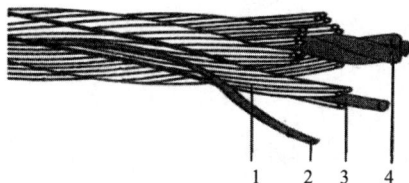

图 2-33　钢丝绳的构造

1—绳股；2—钢丝；3—股芯；4—绳芯

（2）钢丝绳的捻向

按股捻成绳的方向不同，钢丝绳具有右捻绳和左捻绳的区别。按股与绳的捻制方向是否一致，钢丝绳又有同向捻（股与绳的捻制方向一致）和交互捻（股与绳捻制方向相反）的区别。

如图 2-34 所示，(*a*) 右交互捻（绳右捻，股左捻）用代号 ZS 表示；(*b*) 左交互捻（绳左捻，股右捻）用代号 SZ 表示；(*c*) 右同向捻（绳与股均为右捻）用代号 ZZ 表示；(*d*) 左同向捻（绳与股均为左捻）用代号 SS 表示。

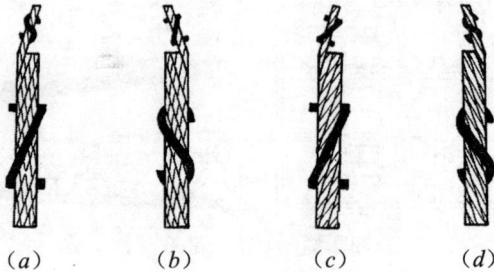

图 2-34 钢丝绳结构简图

(*a*) 右交互捻（ZS）；　(*b*) 左交互捻（SZ）；　(*c*) 右同向捻（ZZ）；
(*d*) 左同向捻（SS）

（3）同向捻及其特点

同向捻又称顺捻。其外观特征是，外层钢丝方向与钢丝绳纵轴交叉，表面平滑。由于股与股之间的钢丝接触良好，所以同向捻钢丝绳挠性好，比较柔软；与滑轮的接触面积大，耐磨损，使用寿命长；但是，由于绳与股的捻制方向一致，具有较强的回弹旋转趋势，容易松散并扭转。因此，不适用于高处作业吊篮使用，只适用于具有导向装置，且始终受拉（如电梯等）的牵引工况。

（4）交互捻及其特点

交互捻又称逆捻。其外观特征是，外层钢丝方向与钢丝绳纵向轴线几乎平行。由于股与股之间的钢丝接触面小，所以交互捻钢丝绳挠性差，易磨损。但是，由于绳与股的捻制方向相反，回弹旋转作相互抵消，所以不易旋转松散。高处作业吊篮应选用交互捻钢丝绳。

2. 常用钢丝绳的型式

常用钢丝绳按钢丝之间的接触型式不同，分为点接触、线接触和面接触三种型式。

（1）不同型式钢丝绳的特点

1）点接触式钢丝绳

制造成本低、价格便宜；但是磨损快，使用寿命短。

2）面接触式钢丝绳

承载能力大，磨损小，使用寿命长；但是采用非圆截面钢丝，制造成本高，价格昂贵，一般应用在重要场合。

3）线接触式钢丝绳

介于点接触式钢丝绳和面接触式钢丝绳之间，综合性能适中、性价比高。

高处作业吊篮一般都常用线接触式钢丝绳，因此重点介绍线接触式钢丝绳。

（2）线接触式钢丝绳

1）线接触式钢丝绳分为

W—瓦林吞型，X—西尔型和 T—填充型三种类型。

2）W（瓦林吞）型钢丝绳

W 型钢丝绳又称粗细丝式钢丝绳。其每股结构特点是，在里层钢丝形成的沟槽处布置直径不同的二种钢丝，钢丝直径必须满足每根钢丝同时与相邻的三根相切，并且外层所有钢丝共切于一个圆。

W 型钢丝绳直径均匀、挠性好，是起重用钢丝绳的主要结构型式。

3）X（西尔）型钢丝绳

X 型钢丝绳又称外粗式钢丝绳。其每股结构特点是，内、外层钢丝根数相同，但外层钢丝须同时与相邻的四根钢丝相切，所以直径比内层钢丝直径大。

X 型钢丝绳耐磨损，但挠性较差，适用于表面磨损严重的工况。

4）T（填充）型钢丝绳

T 型钢丝绳又称填充式钢丝绳。其每股用直径相同的钢丝为基础，在其空隙处填充细钢丝起稳定几何位置的作用，并提高钢丝绳的金属充满率。此型钢丝绳便于捻制。

3. 爬升式高处作业吊篮用钢丝绳的特点

高处作业吊篮用钢丝绳因其工作状态比较特殊，所以应具备以下特点：

（1）表面应无油

由爬升式高处作业吊篮的工作原理所决定：钢丝绳与绳轮之间的包角较小（"S"形绕法包角不足二周，"α"形绕法不足一周），摩擦力有限，为获得较大摩擦力，所以钢丝绳表面不得涂油，甚至不宜沾油。

（2）表面需镀锌

无油钢丝绳容易锈蚀，而锈蚀影响钢丝绳使用寿命及安全性，所以爬升式高处作业吊篮所用钢丝绳的钢丝表面应有良好的镀锌层加以保护。

（3）应采用硬芯钢丝绳

由于爬升式高处作业吊篮用钢丝绳在绳轮上被缠绕，被压紧的工作状况非常恶劣，在弯曲的同时，还要承受多个方向的夹紧和碾压。如果采用普通植物纤维芯钢丝绳，其横截面将被压扁变形，所以必须采用钢丝芯或尼龙芯等硬芯钢丝绳。

（4）应采用优质专用钢丝绳

如果钢丝绳捻制不紧密或各股捻制不均匀，则容易使钢丝绳发生松股或笼状现象。而钢丝绳在提升机内的通道非常狭窄，因其松股或产生笼状，则极易引发"憋绳"（钢丝绳卡在提升机内）故障。因此爬升式高处作业吊篮必须选用捻制均匀、紧密的优质钢丝芯钢丝绳。

随着在施工现场使用量的不断增加，高处作业吊篮在国民经济中所占地位也在不断提高。国家工业与信息化产业部，组织中国钢铁工业协会专门制定了《高处作业吊篮用钢丝绳》YB/T 4575—2016，为高处作业吊篮选用钢丝绳提供了标准依据。

4. 高处作业吊篮用钢丝绳的选用

（1）钢丝绳型式的选用

高处作业吊篮用钢丝绳，通常选用右交互捻线接触式钢丝绳，其理由是：

1）左捻钢丝绳仅限于在左旋带槽卷筒上使用；右捻钢丝绳最常用（标准规定右旋不必标注），因此爬升式高处作业吊篮选用右捻钢丝绳，便于采购。

2）线接触式钢丝绳的钢丝之间接触应力较小，挠性好，使用寿命较长；捻制较密实，不易被挤扁；破断拉力比点接触式钢丝绳大；性价比高，因此爬升式高处作业吊篮选用右捻钢丝绳。

3）爬升式高处作业吊篮的钢丝绳在工作中处于自由悬垂状态，并且钢丝绳在绳轮之间受到挤压作用，存在着强烈的旋转趋势，显然必须采用交互捻钢丝绳。

（2）钢丝绳型号的选用

1）适用于轴向压绳式提升机的钢丝绳型号

与 8 股或 4 股钢丝绳相比较，6 股钢丝绳的结构更稳定；与 4 股钢丝绳相比较，6 股钢丝绳的横截面钢丝充满率更高（即相同公称直径的破断拉力更大）。因此，对于轴向压绳式提升机，选用 6 股钢丝芯或钢丝绳芯钢丝绳最为适宜。

例如，典型的轴向压绳式的 ZLP800 型提升机（俗称老 80 提升机），采用的钢丝绳即为图 2-35 所示的 6×19S+IWR、6×19W+IWS 和 6×19W+IWR 三种结构型式的钢丝绳型号。

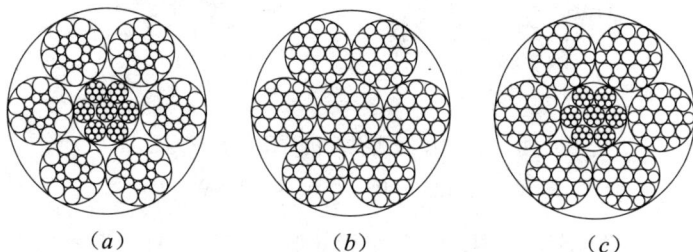

图 2-35 轴向压绳式提升机常用的钢丝绳型号
（a）6×19S+IWR；（b）6×19W+IWS；（c）6×19W+IWR

在钢丝绳的型号中，"6"表示 6 股；"19"表示每股 19 根钢丝;"S"表示"X"型(外粗式);"W"表示"W"型(粗细丝式);IWR 表示绳芯为多股钢丝绳;IWS 表示绳芯为 S 型钢丝股。

2)适用于径向压绳式提升机的钢丝绳型号

6 股钢丝绳虽然比 4 股钢丝绳具有结构稳定、横截面充满率高等优点,但是,径向夹绳比轴向夹绳对钢丝绳的碾压力大得多,在高强度碾压过程中,钢丝绳的外层绳股会伸长,而绳芯基本无变化,二者之间会产生长度差。当长度差聚集到一定程度时,将使钢丝绳局部产生"鼓状"变形,极易造成提升机的"憋绳"故障。因此,径向压绳式提升机不宜采用 6 股结构的钢丝绳。而 4 股钢丝绳采用的是高强尼龙芯。由于尼龙芯具有一定的可塑性,可以有效地消除钢丝绳外层绳股与绳芯伸长不一致的弊端。

例如,典型的径向压绳式的 ZLP630 型提升机,采用的钢丝绳即为图 2-36 所示的 4×25Fi+PP 和 4×31SW+PP 二种结构型式的钢丝绳型号。

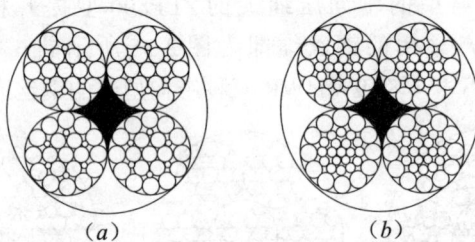

图 2-36　径向压绳式提升机常用的钢丝绳型号

(a) 4×25Fi+PP;　(b) 4×31SW+PP

在钢丝绳型号中,"4"表示 4 股;"25"、"31"表示每股钢丝根数;"Fi"表示股的结构为"T"型(填充式);"SW"则表示股的结构为"X"(外粗型);PP 表示绳芯为合成纤维(通常为尼龙)结构。

$4 \times 25Fi+PP$ 与 $4 \times 31SW+PP$ 钢丝绳相比较，前者的表面耐磨性较高，后者的柔韧性更佳。

（3）钢丝绳规格的选用

钢丝绳的规格由其公称直径表示。

公称直径的选定取决于所需钢丝绳的破断拉力。其计算公式如下：

$$Z_P = \frac{F_0}{S} \qquad (2-1)$$

式中　Z_P——安全系数；

　　　F_0——钢丝绳最小破断拉力，单位为千牛（kN）；

　　　S——钢丝绳最大工作静拉力，单位为千牛（kN）。

《高处作业吊篮》GB/T 19155—2017 规定：单作用钢丝绳悬挂系统的安全系数 Z_P 应不小于 8；双作用钢丝绳悬挂系统的安全系数 Z_P 应不小于应不小于 12。

单作用钢丝绳悬挂系统是指，两根钢丝绳固定在同一悬挂位置，一根承担悬挂荷载，另一根为安全钢丝绳。

双作用钢丝绳悬挂系统是指，两根钢丝绳固定在同一悬挂位置，每根承担部分悬挂荷载。

施工现场使用的高处作业吊篮，基本属于单作用钢丝绳悬挂系统。

按照式（2-1）计算出所需钢丝绳的最小破断拉力 F_0 之后，查《机械设计手册》或钢丝绳厂商的产品样本，即可选定钢丝绳公称直径的规格。

5. 高处作业吊篮用钢丝绳的绳端固定

（1）标准推荐的绳端接头形式

高处作业吊篮钢丝绳绳端的固定方式正确与否，将直接关系着钢丝绳悬挂能否牢固可靠。《高处作业吊篮》GB/T 19155—2017 国家标准推荐使用的钢丝绳端头形式，应如图 2-37 所示的金属压制接头和自紧楔型接头形式。

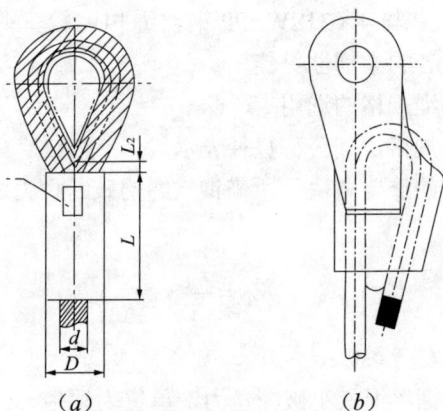

图 2-37　国家标准推荐的绳端接头形式

（a）金属压制接头；（b）自紧楔型接头

（2）采用绳端接头形式的特点及要求

1）金属压制接头

常用铝合金套进行压制，有带套环（俗称鸡心环）和无套环二种型式。其特点是重量轻、制作容易、安装方便、安全可靠；但钢丝绳长度需定制且不可拆卸。

现行国家标准《钢丝绳铝合金压制接头》GB/T 6946—2008 规定，铝合金压制接头应能承受钢丝绳最小破断拉力 90% 的静荷载以及承受钢丝绳最小破断拉力 15% ～ 30% 的冲击荷载。

2）自紧楔型接头

构造简单、固定牢靠、可拆卸；但外形尺寸较大、较笨重。

当楔套采用铸件时，应进行退火处理，以消除内应力，宜进行无损探伤检测，以防止铸造缺陷造成事故隐患。

自紧楔型接头的安装应符合现行国家标准《钢丝绳用楔形接头》GB/T 5973—2006 的规定，接头与钢丝绳的连接方法如图 2-38 所示。

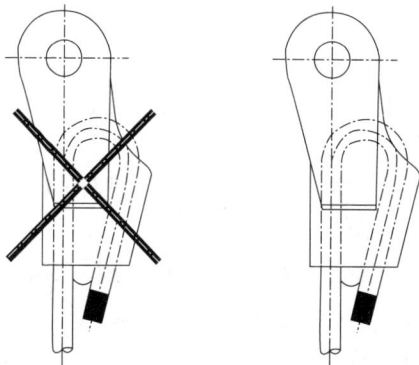
图 2-38　楔型接头连接方法

2.2.6　电气系统基本组成与工作特点

1. 电气系统基本组成

高处作业吊篮的电气系统比较简单，一般采用普通继电控制系统。

电气系统主要由电控箱、电磁制动电机、上限位开关、上极限开关、手持式开关和电源电缆等组成。电气系统的基本组成关系见图 2-39。

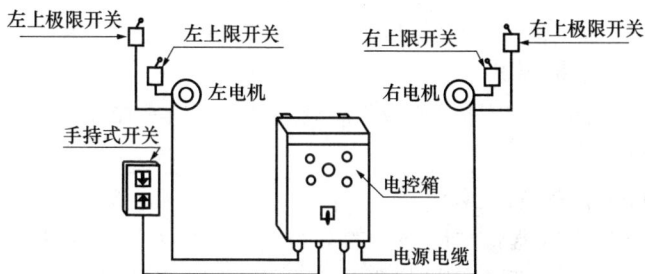
图 2-39　电气系统基本组成关系简图

2. 电控箱基本组成

高处作业吊篮的电气控制箱主要由漏电保护器、相序继电器、接触器、热继电器、熔断器、控制变压器、万能转换开关、限位开关、极限开关普通按钮和急停按钮等组成。

（1）漏电保护器 QF₁

漏电保护器安装在电气系统的主回路中，当系统发生漏电故障，漏电电流超过漏电保护器的动作电流（不超 30mA）时，漏电保护器即立刻自动切断电源，对系统和人员进行有效保护。

（2）相序继电器 KVS

相序保护继电器在三相电源出现相序错误或缺相时，能够及时断开电源，对电路和负载具有保护功能。

（3）接触器 KM

接触器用于接通或切断总电源或负载（制动电机）电路。接触器的吸合与断开是靠其线圈得电或失电来控制的。当其线圈得电时，便产生电磁力，将其主触点吸合，接通负载回路。当线圈失电时，电磁力便消失，主触点在弹簧力的作用下分离，切断负载回路。

（4）热继电器 FR

热继电器用于防止电动机过载及过热烧毁。热继电器的热敏元件串接在负载回路中，当负载过载运行时，所通过的电流必然增大。当电流增加到设定电流值时，热敏元件便触动热继电器的常闭触头，切断负载的控制电路，保护电动机运行安全。热继电器分自动复位与非自动复位两种类型。非自动复位型热继电器动作之后，必须按一下复位扭，热继电器才能恢复正常工作。

（5）熔断器 F

熔断器用于电路短路或长时间超过额定电流时被熔断，以保护电路。

（6）控制变压器 TC

控制变压器将主回路中的动力电源转变为控制电路的低压（安全电压）电源。高处作业吊篮采用的控制变压器通常将 380V（或 220V）交流电转变为 48V 或 36V 低压交流电，为控制电路和辅助电路（照明电灯及电铃等）提供安全电压。

（7）万能转换开关 QC

万能转换开关用于切换不同电路。高处作业吊篮采用的万能转换开关用于左、右两台电机分别动作或同时动作的控制电路之间的切换。是满足高处作业吊篮特殊控制要求必不可少的电器元件。

（8）限位开关 SL

限位开关用于限制悬吊平台运动范围。

（9）普通按钮 SB

普通按钮在按压后接通或断开某一控制电路，松开后即恢复该控制电路的原状。通常将控制上升（或下降）回路的按钮称为上升或下降按钮：将控制停止的按钮称为停止按钮。

（10）急停按钮 STP

急停按钮用于在紧急或危险情况下切断主电路电源，防止发生事故及危险。急停按钮外表为红色，应选择非自动复位型。需在险情排除之后，进行手动复位。

（11）制动整流模块 u

制动整流模块将 380V 或 220V 交流电，经过整流模块整成直流电（高处作业吊篮常用 99V），为电动机的制动器单独提供控制电源。

3. 电气系统工作原理及基本操作

（1）作业前的基本操作

在准备开始作业前，首先接上电源插头，合上电控箱内的漏电保护器 QF_1，即接通电源。合上单片断路器 QF_2，控制回路（在图 2-40 中，用细线表示控制电路，粗线表示主电路）得电，电源指示灯 HL 亮启。主电路通过控制变压器 TC，将电压由 380V 或 220V 降至 48V 或 36V，确保操作安全。

按启动按钮 SB_1，主接触器 KM_1 的线圈得电，接通电源完成准备工作。

（2）悬吊平台上升操作

按上升按钮 SB_2，上升接触器 KB$_2$ 线圈得电，KM_2 主触头吸合，接通电动机正转，悬吊平台上升。释放上升按钮 SB_2，上升接触器 KM_2 线圈失电，电动机停止。

（3）悬吊平台下降操作

按下下降按钮 SB_3，下降接触器 KM_3 线圈得电，KM_3 主触头吸合，接通电动机反转，悬吊平台下降。释放下降按钮 SB_3，下降接触器 KM_3 线圈失电，电动机停止。

（4）紧急情况下的操作

按下或拍下急停按钮 STP，便可切断主接触器 KM_1 的线圈控制电路，使 KM_1 的主触头分离，切断主电路电源。与此同时 KM_1 的辅助触头分离，切断上升和下降的控制电路。

排除故障后，必须旋转一下急停按钮 STP，使之手动复位，否则不能接通控制回路。

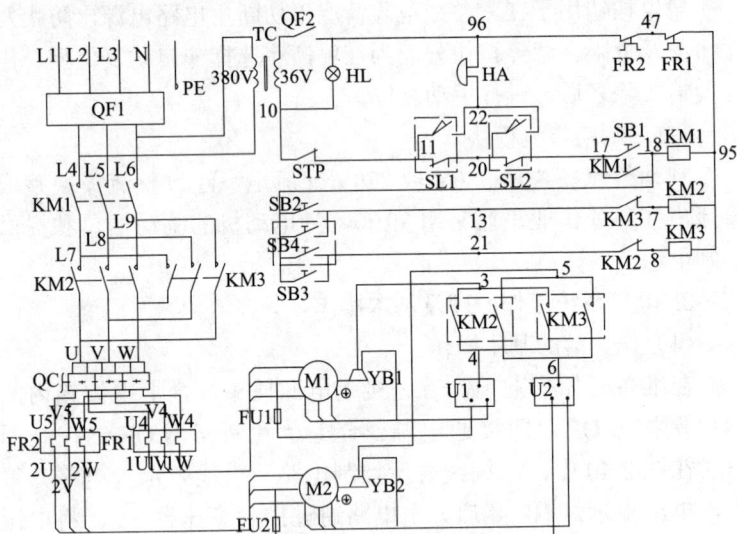

图 2-40 高处作业吊篮电气原理图

（5）电动机联动与单动切换的操作

将万能转换开关 QC 旋至中间位置。电动机 M_1 和 M_2 同时联动；将 QC 旋至左位，左电动机 M_1 单动；将 QC 旋至右位，右电动机 M_2 单动。

4. 电气系统的保护

（1）由漏电保护器 QF_1 进行漏电保护。

（2）由熔断器 FU_1 和 FU_2 进行短路保护。

（3）由热继电器 FR 进行过载保护。

（4）在上升控制电路中串接的上行程限位开关常闭触点 SL_1 和 SL_2，进行防止悬吊平台冲顶保护。

（5）在上升控制电路中串接下降接触器 KM_3 的常闭触点，在下降控制回路中串接上升接触器 KM_2 的常闭触点，进行电气互锁保护，避免二接触器同时吸合，造成电路发生短路故障。

2.3 高处作业吊篮安全技术要求

2.3.1 提升机安全技术要求

提升机是高处作业吊篮的核心部件，其性能及技术状况会直接影响到高处作业吊篮作业的作业安全性。《高处作业吊篮》GB/T 19155—2017 对各类提升机都规定了安全技术要求，本节重点介绍电动爬升式提升机的安全技术要求。

1. 爬升式提升机的基本功能要求

（1）应能测量或记录提升机的工作时间（要求配置记录累计工作时间的计时器）。

（2）电动机、减速机、制动器之间的机械传动应采用齿轮、齿条、螺杆、链条等型式，禁止采用摩擦传动型式。

（3）运动部件应有防护措施（即防护罩）。

（4）应配置主制动器。

（5）应设置手动滑降装置，在平台动力源失效时使其在合理时间内可控下降。

2. 爬升式提升机的基本承载能力要求

（1）应能起升和下降大于等于 125% 至最大 250% 范围的极限工作荷载。

（2）承受静态 1.5 倍的极限工作荷载达 15min，承载零部件应无失效、变形或削弱，荷载应保持在原位；卸载后，应能正常操作。

（3）电动机在机械锁定状态下，静态承载 4 倍的极限工作荷载达 15min，钢丝绳应无滑移；承载零部件应无失效且荷载应保持在原位。

（4）起升机构在承载 2.5 倍的极限工作荷载时电动机应停转。

（5）不能依靠钢丝绳尾部的张力作为提升力的一部分来起升和下降荷载。

（6）提升机在进行可靠性试验承载极限工作荷载时，应能正常工作 20000 次循环（轻型）或 60000 次循环（重型）。

建筑施工现场使用的高处作业吊篮绝大部分属于轻型高处作业吊篮。

3. 主制动器的基本技术要求

（1）在主电路失效或控制电路失效时，应能制动电动机停转。

（2）当提升机承载 1.25 倍的极限工作荷载、平台按额定速度运行时，应能在 100mm 的距离内制动住平台。

（3）静态承载 1.5 倍的极限工作荷载达 15min，应无滑移或蠕动现象。

（4）内衬材料应是不可燃的。

2.3.2　悬挂装置安全技术要求

悬挂装置是悬吊平台生根的基础。悬挂装置一旦发生问题，后果不堪想象。高处作业吊篮事故统计数据表明，由于悬挂装置安装或使用不符合要求而引发的事故占高处作业吊篮事故的三分之一以上，而且全部是造成人员伤亡的恶性事故。《高处作业吊篮》GB/T 19155—2017 对悬挂装置的安全技术要求如下：

1. 悬挂装置的基本安全技术要求

（1）所有部件均可重复安装与使用。

（2）部件不应有可能引起伤害的尖角、锐边或凸出部分。

（3）固定销和紧固卡等小型元件应永久性地连接在一起。

（4）经常移动且由一人搬运的部件最大质量为 25kg；由两人搬运的部件最大质量为 50kg。

（5）配重应坚固地安装在配重悬挂支架上，只有在需要拆除时方可拆卸。配重应锁住以防止未授权人员拆卸。

（6）横梁内外两侧的长度应是可调节式。

（7）配重悬挂支架上应附着永久清晰的安装说明。

（8）工作钢丝绳和安全钢丝绳应独立悬挂在各自的悬挂点上，如图 2-41 所示。

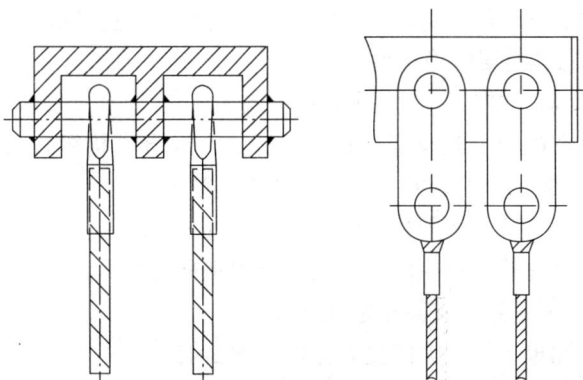

图 2-41　典型悬挂点示例

2. 配重的安全技术要求

（1）每块质量最大 25kg。

（2）应是实心的且有永久（质量）标记。

（3）禁止采用注水或散状物作为配重。

（4）混凝土配重的混凝土强度应不低于 C25；内部应浇注加强钢筋等，适合长途运输和搬运。

3. 悬挂装置的静载试验要求

（1）悬挂装置承受静载试验荷载时应保持静止。

（2）悬挂装置承受静载试验荷载 15min 后，结构件应无断裂或无任何永久变形且保持稳定。

（3）静载试验荷载的计算方法

1）静载试验荷载的垂直力，按式（2-2）计算：

$$F_v = 2.5 \times 10 \times W_{ll} \qquad (2\text{-}2)$$

2）静载试验荷载的水平力应作用在最不利的方向，按式（2-3）计算：

$$F_h = 0.15 \times 10 \times W_{ll} \qquad (2\text{-}3)$$

式中　F_v——垂直力，单位为牛顿（N）；

F_h——水平力，单位为牛顿（N）；

W_{ll}——提升机极限工作荷载，单位为千克（kg）。

4. 悬挂装置的稳定性要求

（1）对悬挂装置稳定性的基本要求

1）在配重悬挂支架外伸距离最大，起升机构极限工作荷载工况时，稳定力矩应大于等于 3 倍的倾覆力矩。

2）女儿墙卡钳的稳定系数应大于等于 3。

3）女儿墙结构应满足卡钳施加的水平力和垂直力。

（2）配重悬挂支架稳定性计算

1）配重悬挂支架的受力分析见图 2-42。

2）配重悬挂支架的稳定性，按式（2-4）进行校核：

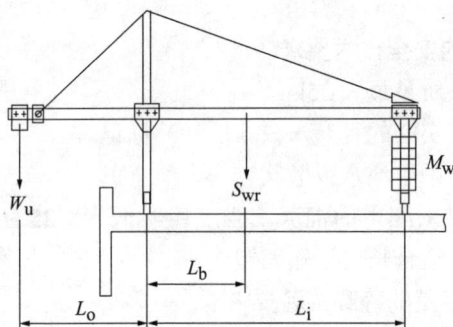

图 2-42　配重悬挂支架受力图

$$C_{wr} \times W_{ll} \times L_o \leqslant M_w \times L_i + S_{wr} \times L_b \qquad (2\text{-}4)$$

式中　C_{wr}——配重悬挂装置稳定系数，大于或等于 3；

W_{ll}——提升机极限工作荷载，单位为千克（kg）；

M_w——配重质量，单位为千克（kg）；

M_w——配重质量，单位为千克（kg）；

S_{wr}——配重悬挂装置质量，单位为千克（kg）；

L_o——配重悬挂装置外侧长度，单位为米（m）；

L_b——支点到配重悬挂装置架重心的距离，单位为米（m）；

L_i——配重悬挂装置内侧长度，单位为米（m）。

（3）女儿墙卡钳稳定性计算

1）女儿墙卡钳的受力分析，见图2-43。

2）女儿墙承受的支撑反作用力，按式（2-5）和式（2-6）计算：

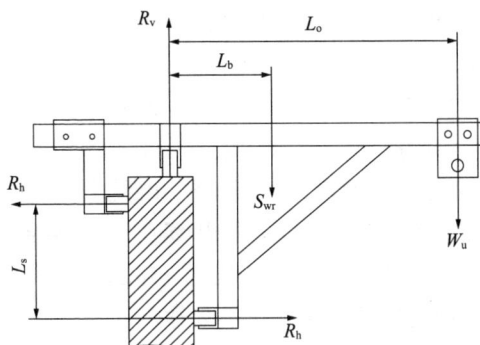

图2-43　女儿墙卡钳受力图

$$R_h \times L_s \geqslant C_{wr} \times 10 \times W_{ll} \times L_o + 10 \times S_{wr} \times L_b \quad (2-5)$$

$$R_v \geqslant C_{wr} \times 10 \times W_{ll} + 10 \times S_{wr} \quad (2-6)$$

式中　R_v——卡钳垂直支撑反作用力，单位为牛顿（N）；R_v应小于锚固点的结构抗力设计值（R_d）；

R_h——卡钳水平支撑反作用力，单位为牛顿（N）；R_h应小于锚固点的结构抗力设计值（R_d）；

L_s——抵抗倾翻力矩的螺栓或支撑间的距离，单位为米（m）；

C_{wr}——卡钳稳定系数，大于等于3；

W_{ll}——起升机构极限工作荷载，单位为千克（kg）；

L_o——卡钳外侧长度，单位为米（m）；

S_{wr}——卡钳质量，单位为千克（kg）；

L_b——支点到卡钳重心的距离，单位为米（m）。

2.3.3 悬吊平台安全技术要求

悬吊平台是载人作业的结构件，直接关系着操作人员的人身安全，平台强度不足发生断裂，漏出人员或物体坠落，将造成伤亡事故或伤及他人。《高处作业吊篮》GB/T 19155—2017对悬吊平台的安全技术要求如下：

1. 悬吊平台的基本安全技术要求

（1）平台尺寸应满足所搭载的操作者人数和其携带工具与物料的需要。

（2）内部宽度应不小于 500 mm；每个人员的工作面积应不小于 0.25m^2。

（3）底板应坚固、表面防滑、固定可靠。

（4）有足够的排水措施；底板上任何孔的直径不大于 15mm。

（5）四周应安装护栏、中间护栏和踢脚板。护栏高度应不小于 1000mm；中间护栏与护栏和踢脚板间的距离应不大于 500mm；踢脚板应高于平台底板表面 150mm。

（6）各承载材料应采用防锈蚀处理。

（7）应在平台明显部位永久醒目地注明额定载重量和允许乘载的人数及其他注意事项。

（8）平台上不应有可能引起伤害的锐边、尖角或凸出物。

（9）当有外部物体可能落到平台上产生危险且危及人身安全时，应安装防护顶板或采取其他保护措施。

（10）吊架高度应满足平台放置额定载重量时应保持稳定，且在重心距护栏内侧 150mm 时，平台横向倾斜角度应不大于 8°。

（11）在平台工作面一侧，应设置靠墙轮或缓冲带等立面保护装置。

2. 平台结构强度和稳定性要求

（1）在平台底板上施加额定载重量（R_1）时，平台产生的变形 a 应不大于平台长度的 1/200；卸载 3min 后测量残余变形 b 应不大于平台长度的 1/1000。

（2）在平台底板上施加 $1.5 \times R_1$ 的静载时，平台产生的变形

114

a 应不大于平台长度的 1/130；卸载 3min 后测量残余变形 b 应不大于平台长度的 1/1000。

（3）在平台底板上施加 $1.25 \times R_1$ 动载时，不能造成结构件的失效和可见损坏。

（4）在平台底板上施加 $3.5 \times R_1$ 的极限荷载时，结构件有永久变形但无断裂。

（5）在平台底板 200mm×200mm 的面积上承载 300kg 的均布荷载时，不应造成结构件的失效和可见损坏。

3. 平台护栏强度要求

（1）在平台底板施加 $1.25 \times R_1$ 的荷载，在护栏侧面上边缘施加水平静态作用力 F_h，对于前 2 个在平台上的人员，各施加 $F_h = 300N$，之后平台上每增加一人，施加 $F_h = 150N$，作用力的间距为 500mm，不应造成结构件的失效和可见损坏。

（2）在平台底板施加 $1.25 \times R_1$ 的荷载，护栏产生的变形 a 应不大于平台支撑点距离的 1/100，并且最大变形应不大于 30mm。

（3）在护栏侧面上边缘施加垂直静态作用力 $F_v = 1kN$，作用力 F_v 在宽度 100mm 距离上作用在最不利的位置，时间为 3min，不应造成结构件的失效和可见损坏。

（4）垂直静态作用力卸载 3min 后，测量残余变形 b 应不大于平台支撑点距离的 1/1000。

2.3.4 钢丝绳安全技术要求

《高处作业吊篮》GB/T 19155—2017 对钢丝绳安全技术要求如下：

1. 钢丝绳的基本要求

（1）钢丝表面应经过镀锌或其他类似的防腐措施。

（2）性能应符合 GB/T 8918 的规定。

（3）最小直径 6 mm。

（4）安全钢丝绳直径应不小于工作钢丝绳直径。

（5）单作用钢丝绳的安全系数不小于 8；双作用钢丝绳的安全系数不小于 12。

2. 绳端固定的技术要求

（1）绳端固定应符合现行国家标准《塔式起重机安全规程》GB 5144—2006 的规定。

（2）端头形式应为金属压制接头、自紧楔型接头等，或采用其他相同安全等级的形式。

（3）钢丝绳如失效会影响安全时，则不能使用 U 形钢丝绳夹。

3. 钢丝绳可靠性试验测试要求

在提升机完成所规定的可靠性试验循环次数后，钢丝绳应满足下列要求：

（1）在 $30 \times d$（钢丝绳公称直径）的长度上，可见钢丝断丝数小于 10 根；

（2）钢丝绳不出现笼型松散或任何一股断裂；

（3）钢丝绳与其端部仍能承受 6 倍的提升机极限工作荷载的拉力不断裂。

2.3.5 电气系统安全技术要求

《高处作业吊篮》GB/T 19155—2017 对电气系统安全技术要求如下：

1. 电气系统安全保护要求

（1）应设置相序继电器确保电源缺相、错相连接时不会导致错误的控制响应。

（2）电气系统供电应采用三相五线制，接零、接地线应始终分开，接地线应采用黄绿相间线。在接地处应有明显的接地标志。

（3）主电源回路应有过电流保护装置和灵敏度不小于 30mA 的漏电保护装置。

（4）控制电源与主电源之间应使用变压器进行有效隔离。

（5）与电源线连接的插头结构应为母式。

（6）主电路相间绝缘电阻应不小于 0.5MΩ，电气线路绝缘电阻应不小于 2MΩ。

（7）电机外壳及所有电气设备的金属外壳、金属护套都应可靠接地，接地电阻应不大于 4Ω。

（8）电气设备防护等级应不低于 IP54。

（9）电源电缆应设保险钩以防止电缆过度张力引起电缆、插头、插座的损坏。

2. 控制系统安全技术要求

（1）电控箱上的按钮、开关等操作元件应坚固可靠，且能有效防止雨水进入。

（2）电控箱上应设置一个非自动复位式的总电源的开关。

（3）按钮应是自动复位式的，最小直径为 10mm。

（4）操作的动作与方向应以文字或符号清晰表示在电控箱或其附近面板上。

（5）应设置红色的急停按钮。按下急停按钮应停止所有动作且不能自动复位。

（6）电控箱应能承受 50Hz 正弦波形、1250V 电压、1min 的耐压实验。

（7）电控箱应上锁以防止未授权操作。

2.3.6 安全装置安全技术要求

安全装置的性能及技术状况直接关系着作业人员的人身安全，《高处作业吊篮》GB/T 19155—2017 对安全装置安全技术要求如下：

1. 安全锁

（1）安全技术要求

1）当平台下降速度大于 30m/min 时，安全锁应能自动起作用。

2）当平台纵向倾斜角度大于 14°时，安全锁应能自动起作用。

3）在平台正常工作时，安全锁不应动作。

4）安全锁在锁绳状态下，应不能自动复位。

（2）安全使用要求

1）安全锁应在有效期内使用，有效标定期限不大于一年。

2）不可用安全锁制动处于升降状态的平台。

3）锁绳后，允许利用提升机起升平台的方法，解除安全锁的锁绳状态。

4）安全锁承载时，不准手动释放。

2. 无动力下降装置（即手动滑降装置）

（1）所有提升机应设置手动滑降装置，在动力源失效时，能够使平台可控下降。

（2）应设置在屋面或平台上方便操作的位置，且周边应无影响其操作的其他构件。

（3）应设有离心式限速器，限制下降速度小于安全锁的触发速度。

（4）最小下降速度为提升机额定运行速度的20%。

（5）使用完毕应能自动复位。

3. 防倾斜装置

（1）装有2台及以上提升机的悬吊平台，应安装自动防倾斜装置。

（2）当平台纵向倾斜角度大于14°时，应能自动停止平台的升降运动。

（3）应具备上升时，停止较高端提升机的上升动作；下降时，停止较低端提升机下降动作的功能。

（4）应是独立作用的装置，不需要向控制系统相关安全部件输出电信号。

4. 起升与下降限位开关

（1）应安装起升限位开关并正确定位。

（2）起升限位开关应能使平台到达最高位置，接触终端极限限位开关之前，自动停止上升。

（3）应安装下降限位开关并正确定位。

（4）下降限位开关应能使平台到达最低位置（地面或安全层面），自动停止下降。在地面或安全层面安装的悬吊平台，不需要下降限位开关。

（5）应安装终端起升极限限位开关并正确定位。

（6）起升极限限位开关应能使平台到达工作钢丝绳顶部极限

位置之前，完全停止。

（7）在起升极限限位开关触发后，除非专业维修人员采取纠正操作，平台不能上升与下降。

（8）起升限位开关与起升极限限位开关应有各自独立的控制装置（即限位止档）。

5. 超载检测装置

（1）高处作业吊篮宜设超载检测装置。

（2）每个提升机都应分别安装超载检测装置（如有）。

（3）在使用过程中应可检测到平台上升、下降或静止时的超载。

（4）应在达到提升机 1.25 倍极限工作荷载时或之前触发。

（5）一旦动作，应停止除下降以外的所有运动直到超载荷载被卸除。

（6）触发时，应能持续发出视觉或听觉警示信号。

（7）应具有防止未经授权的人员进行调整的保护措施。

（8）应能在 1.6 倍的提升机极限工作荷载范围内工作，且应能承受 3 倍的提升机极限工作荷载的静载，而不会损坏。

2.3.7　整机安全技术要求

《高处作业吊篮》GB/T 19155—2017 对整机安全技术要求如下：

1. 基本要求

（1）标准件、配套件、外购件、外协件应有合格证方可使用。

（2）所有零部件的安装应正确、完整，连接牢固可靠。

（3）焊接质量应符合产品图样的规定，重要部件应进行探伤检查。

（4）结构件应进行有效的防腐处理。

（5）在下述条件下应能正常工作：

1）环境温度：－ 10 ～＋ 55℃；

2）环境相对湿度不大于 90%（25℃）；

3）电源电压偏离额定值 ±5%；

4）工作处阵风风速不大于 8.3m/s（相当于 5 级风力）。

2. 技术性能要求

（1）吊篮的各机构作业时应保证：

1）电气系统与控制系统功能正常，动作灵敏、可靠；

2）安全保护装置与限位装置动作准确，安全可靠；

3）各传动机构运转平稳，不得有过热、异常声响或振动，起升机构等无渗漏油现象。

（2）平台升降速度应不大于18m/min，其误差不大于设计值的±5%。

（3）额定载重量工作时，在距离噪声源1m处的噪声值应不大于79dB（A）。

（4）可靠性要求：

1）重型提升机，可靠性试验工作循环次数60000次；首次故障前工作时间为$0.3t_0$（t_0为累计工作时间），且工作循环次数不低于3000次；平均无故障工作时间为$0.2t_0$，且工作循环次数不低于1800次。可靠度不低于92%。

2）轻型提升机，可靠性试验工作循环次数20000次；首次故障前工作时间为$0.8t_0$，且工作循环次数不低于3000次；平均无故障工作时间为$0.5t_0$，且工作循环次数不低于2000次。可靠度不低于92%。

3. 使用安全要求

（1）工作钢丝绳与安全钢丝绳应分别牢固地安装在独立设置的悬挂点上。

（2）应根据平台内的人数，配备独立的坠落防护安全绳（简称安全绳或安全大绳）。与每根坠落防护安全绳相系的人数不应超过两人。

（3）高处作业吊篮的任何部位与输电线的安全距离应大于10m，如果安全距离受条件限制，应与有关部门协商，并采取安全防护措施后方可安装作业。

（4）严禁用吊篮作电焊接线回路。

（5）平台内严禁放置氧气瓶、乙炔瓶等易燃、易爆品。

3 高处作业吊篮安装与拆卸

3.1 安装作业前期准备工作

3.1.1 编制专项施工方案

1. 专项施工方案的编制依据与程序

（1）编制依据

依据《危险性较大的分部分项工程安全管理规定》（住房和城乡建设部令第 37 号）第十条，施工单位应当在危大工程施工前组织工程技术人员编制专项施工方案。

在《住建部办公厅关于实施＜危险性较大的分部分项工程安全管理规定＞有关问题的通知》（建办质〔2018〕31 号）文件明确规定的危险性较大的分部分项工程的范围中，高处作业吊篮被列入脚手架工程，属于危险性较大的分部分项工程。据此，高处作业吊篮在施工前，应由有关单位组织工程技术人员编制专项施工方案。

（2）专项施工方案的编制与修改程序

实行施工总承包的，专项施工方案应当由施工总承包单位组织编制。高处作业吊篮工程实行分包的，专项施工方案可以由相关专业分包单位组织编制。

专项施工方案应当由施工单位技术负责人审核签字、加盖单位公章，并由总监理工程师审查签字、加盖执业印章后方可实施。

高处作业吊篮工程实行分包并由分包单位编制专项施工方案

的，专项施工方案应当由总承包单位技术负责人及分包单位技术负责人共同审核签字并加盖单位公章。

施工单位应当严格按照专项施工方案组织施工，不得擅自修改专项施工方案。

因规划调整、设计变更等原因确需调整的，修改后的专项施工方案应当按照规定程序重新审核和论证。

2. 专项施工方案的基本内容

（1）工程概况

包括但不限于：工程名称、工程地址；建筑面积、最大标高、工程特点；安装单位、使用单位；作业项目、预计工期、施工要求和技术保证条件等。

（2）编制依据

包括但不限于：相关法律、法规、规范性文件、标准、规程；与高处作业吊篮安装相关的建筑图样、工程项目施工组织设计等。

（3）投入安装的设备说明

包括但不限于：高处作业吊篮的制造厂商，待安装的高处作业吊篮的出厂年限、规格型号、主要技术参数等。

（4）机位平面布置设计方案

在机位平面布置图上，包括但不限于：各机位编号、相邻悬吊平台之间净距离，列表标明各机位采用高处作业吊篮的规格型号、平台长度、安装高度、悬挂装置型式、横梁外伸长度、前后支座间距、配重数量等基本参数及专用配电箱的数量与安装位置等。

（5）建筑或构筑结构支撑能力校核

包括但不限于：计算悬挂装置在最不利条件下，对建筑或构筑结构施加的最大作用力；（若有）预埋件或锚固件的相关计算；委托相关单位校核建筑或构筑结构局部及整体能否承受高处作业吊篮施加的作用力；（必要时）提供局部或整体结构的加强措施。

（6）特制高处作业吊篮安全要求与措施

包括但不限于：提供设计计算书、专家论证／评估报告；结构型式与特点、安装位置、安全技术措施等详细说明。

（7）施工作业计划

包括但不限于：劳动组织人员计划（包括专职安全生产管理人员、安装与拆卸特种作业人员和其他配套施工人员的配备计划）、材料设备进场计划、供配电计划、安装与拆卸施工进度计划等。

（8）施工安全技术措施

包括但不限于：施工人员岗位责任制、施工准备工作、安全技术交底要点、施工作业流程、调试程序与技术要求、自检与检测验收安排等。

（9）安装与拆卸施工安全注意事项

包括但不限于：劳动保护用品使用规定、人员安全防护注意事项、安全警戒措施、恶劣气候条件处置措施、作业安全操作规程、特殊季节应采取的相应措施等。

（10）安装与拆卸过程的应急措施与安全事故救援预案

包括但不限于：应急救援组织机构，各类紧急情况出现或事故发生时（例如：平台或人员坠落、物体打击、触电、骨折、出血过多、休克，以及现场火灾等）的具体应急救援措施及预案。

3.1.2 安装施工前的安全管理

1. 安装施工前期安全管理要求

（1）高处作业吊篮产权单位与施工使用单位签订租赁合同，且签订甲、乙双方安全管理协议，明确双方安全管理职责。

（2）由高处作业吊篮产权单位落实具体安装单位，且签订高处作业吊篮的安装合同以及甲、乙双方安全管理协议，明确各自安全管理职责。

（3）高处作业吊篮安装作业人员应持有吊篮安装拆卸特种作业证书。

（4）安装单位技术人员编制高处作业吊篮安装（拆除）专项施工方案，需经单位技术负责人审核。

（5）涉及新技术、新工艺、新材料、新设备及尚无相关技术标准的高处作业吊篮安装方案时，应组织专家对该方案进行论证／评估，论证／评估通过后方能实施安装作业。

（6）安装单位将审核合格的高处作业吊篮安装（拆除）专项施工方案送使用单位及施工总承包单位进行审查。审查合格后，由总承包单位送监理单位进行审核。

（7）高处作业吊篮安装单位与高处作业吊篮使用单位及总承包单位签订安装安全管理协议，明确各方的安全职责。

获取高处作业吊篮安装告知回单后，方可进行安装施工。

2. 安全技术交底的依据和程序

根据《建设工程安全生产管理条例》（中华人民共和国国务院令第 393 号）第二十七条规定，建设工程施工前，施工单位负责项目管理的技术人员应当对有关安全施工的技术要求向施工作业班组、作业人员作出详细说明，并由双方签字确认。

《危险性较大的分部分项工程安全管理规定》（住房和城乡建设部令第 37 号）第十五条规定，专项施工方案实施前，编制人员或者项目技术负责人应当向施工现场管理人员进行方案交底。

据此，高处作业吊篮在安装施工前，应由安装单位项目技术负责人依据专项施工方案、工程实际情况、特点和危险因素编写安全技术交底书面文件，并向参与安装施工的班组和所有人员进行详细的安全技术交底。安全技术交底完毕后，所有参加交底的人员应履行签字手续，并归档保存。

3. 安全技术交底的主要内容

（1）本安装工程项目特点与概况。

（2）本项目施工人员的现场指挥与具体分工。

（3）本安装工程的工作环境及危险源。

（4）针对危险部位采取的具体防范措施。

（5）作业中应注意的安全事项。

（6）作业人员应遵守的安全操作规程和规范。

（7）安全防护措施的正确使用与操作。

（8）发现事故隐患应采取的措施。

（9）安装作业紧急情况的应急救援预案。

（10）发生事故后应及时采取的避险、自救方法、紧急疏散和急救措施。

（11）其他安全技术事项。

3.1.3 高处作业吊篮的进场查验

目前，高处作业吊篮尚未纳入特种设备管理范围，缺乏全国统一的监管办法。在生产领域，存在着高处作业吊篮制造企业良莠不齐，产品质量相差甚远的问题；在流通领域，存在着高处作业吊篮租赁市场混乱，低价无序竞争助推大量劣质吊篮产品涌入施工现场的问题；在施工现场，存在着管理不善的问题。这些问题都会导致高处作业吊篮施工安全事故的发生。因此，对高处作业吊篮在进入施工现场前进行查验是十分重要的。

根据《建设工程安全生产管理条例》的规定，未经进场查验或者查验不合格的产品，严禁在施工现场安装和使用。

对于高处作业吊篮进场查验工作，应当落实进场查验的组织，配备进场查验的工具，确定进场查验的评判方法。

1. 进场查验的组织工作

进场查验由高处作业吊篮的使用单位会同产权单位、安拆单位、工程监理单位共同进行并做好查验记录，经参与查验各方签字后，由高处作业吊篮使用单位存档备查。实行施工总承包的，由总承包单位负责组织高处作业吊篮进场查验。

2. 进场查验的基本工具

进场查验通常使用钢直尺、钢卷尺、游标卡尺和外径千分尺等通用量具。

（1）钢直尺如图 3-1 所示，主要用于测量结构件的孔距和横截面等较低精度要求的长度尺寸。

图 3-1　钢直尺

（2）钢卷尺如图 3-2 所示，主要用于测量结构件的长度、孔距和安装距离等较粗糙精度要求的长度尺寸。

图 3-2　钢卷尺

（3）游标卡尺如图 3-3 所示，主要用于测量销轴直径、安装孔直径和结构件壁厚等中等精度要求的长度尺寸。

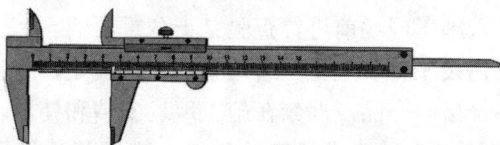

图 3-3　游标卡尺

（4）外径千分尺如图 3-4 所示，主要用于测量轴颈、轴承外径和重要结构件壁厚等较精密要求的长度尺寸。

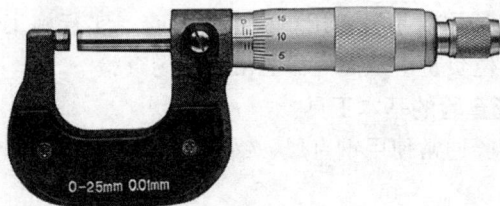

图 3-4　外径千分尺

3. 进场查验的主要内容

高处作业吊篮进场应重点查验相关资料是否齐全，主要组成件是否完好。

（1）查验进场的高处作业吊篮相关资料

相关资料包括：

1）设备档案（包括进场高处作业吊篮的生产厂家、出厂日期、提升机和安全锁的编号、钢印及检修保养记录等信息）；

2）产品型式检验报告；

3）产品出厂检验合格证书；

4）安全锁标定证书；

5）钢丝绳质量合格证明；

6）产品使用说明书。

（2）查验进场的主要组成件

高处作业吊篮的主要组成件包括主要部件、结构件和配套件。

1）主要部件

高处作业吊篮的主要部件包括提升机、安全锁和电气控制部分。

① 提升机查验要求：

a. 铭牌完整清晰，且在箱体表面具有标明出厂时间的钢印；

b. 箱体表面平整、无明显砂眼、气孔、疤痕或明显机械损伤；

c. 不得存在裂纹；

d. 铭牌完整清晰；

e. 进绳口的孔口尺寸不超过 2 倍钢丝绳直径；

f. 不存在漏油或明显渗油现象。

② 安全锁查验要求：

a. 铭牌完整清晰，且在标定期内；

b. 外壳平整，无明显机械损伤；

c. 运动部件无阻卡现象。

③ 电气控制部分查验要求：

a. 电控箱外壳平整，无明显变形，门锁完好无损；

b. 电控箱内元器件完好无损，布线规则整齐，不存在飞线现象；

c. 行程开关、按钮、旋钮、指示灯、插座等完好无损；

d. 电缆线绝缘外皮无严重破损或挤压变形；

e. 电源电缆不存在中间接头。

2）主要结构件

高处作业吊篮的主要结构件包括悬挂装置和悬吊平台。

① 悬挂装置查验要求：

a. 结构件无裂纹、明显锈蚀、扭曲或死弯；

b. 焊缝无裂纹；

c. 结构件的实际壁厚不小于有关标准规定的最小壁厚尺寸。

② 悬吊平台查验要求：

a. 结构件无裂纹、明显锈蚀、扭曲或死弯；

b. 焊缝无裂纹；

c. 结构件的实际壁厚不小于有关标准规定的最小壁厚尺寸；

d. 护栏高度不低于1000mm；

e. 平台底部设有高度不小于150mm的踢脚板。

3）主要配套件

① 钢丝绳查验要求：

参见本教材6.2.5的规定。

② 安全绳查验要求：

a. 不存在松散、断股、打结、割伤；

b. 不存在明显老化、腐蚀现象；

c. 不存在中间接头。

③ 配重查验要求：

a. 重量必须符合高处作业吊篮生产厂家的设计规定，并且具有永久性重量标记；

b. 无明显的缺棱、少角等破损现象；

c. 严禁使用液体或散状物体做配重填充物。

（3）进场查验争议的解决

对于进场查验的高处作业吊篮质量有重大争议的，由高处作业吊篮产权单位委托具有相应计量认证资格证书的专业检验机构进行检验。

3.1.4 施工现场临时用电的安全技术准备

根据《施工现场临时用电安全规范》JGJ 46—2005 的规定，结合高处作业吊篮在施工现场临时用电的实际情况，在安装前必须做好用电安全技术准备工作。

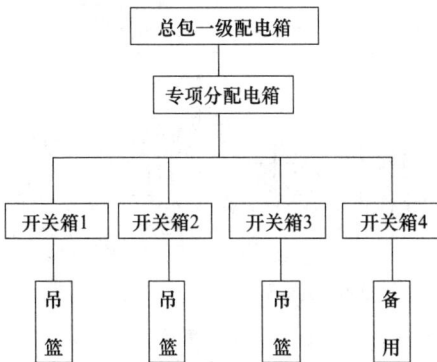

图 3-5 高处作业吊篮配电系统图

1. 施工现场临时用电的原则

（1）必须采用三级配电系统

从施工现场的电源进线至用电设备，必须经总配电箱（电源总配电设备属于一级配电装置）→分配电箱（在用电负荷相对集中处设置的二级配电装置）→开关箱（专用设备控制箱属于三级配电装置）三个层次逐步配送电力，任何用电设备不得越级配电。

高处作业吊篮在施工现场临时用电的配电系统如图 3-5 所示。

（2）必须采用二级漏电保护装置

在总配电箱中须设置一级漏电开关；在分配电箱或开关箱中

必须再设置一级漏电开关。

（3）实施"一机一闸"制

在分配电箱中，一把闸刀控制一只开关箱；每只开关箱只连接一台高处作业吊篮的控制回路。

（4）必须设置电气线路的基本保护系统

在三相四线配电线路中，应设置保护零线（PE线）即采用三相五线制的 TN-S 接线保护形式。保护零线应进行不少于三处的重复接地。

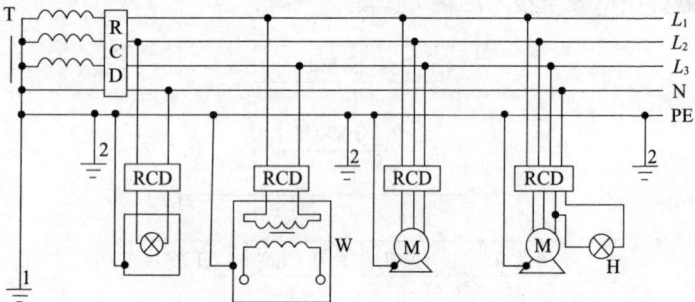

图 3-6　TN-S 接线保护方式示意图

L_1、L_2、L_3—相线；N—工作零线；PE—保护零线；1—工作接地；
2—重复接地；T—变压器；RCD—漏电保护器；H—照明器；
W—电焊机；M—电动机

如图 3-6 所示，在三相四线制供电局部 TN-S 系统中，基本接地和接零保护系统与二级漏电保护装置，共同组成了现场临时用电系统的二道防止触电的防线。

（5）动力与照明分设原则

动力配电箱和照明配电箱宜单独设置；共用配电箱的动力和照明电路也须分路配电。动力开关箱和照明开关箱应分箱设置，不得共箱分路设置。

高处作业吊篮的电控箱只能专用，不得用于连接其他用电设施。

（6）尽量压缩配电间距

除总配电箱（配电室外）外，分配电箱、开关箱及用电设备间距离应尽量缩短。分配电箱应设在用电设备相对集中处，且与开关箱的距离不得超过 30m。

2. 施工现场临时用电的配电装置

施工现场临时用电的配电装置包括配电箱和开关箱的箱体及各类电气元件。箱体制作和使用应符合下列要求：

（1）箱体应满足防尘、防晒、防雨（水）要求，不得采用木板制作。可用厚度不小于 1mm 的冷轧铁板或其他优质的绝缘板制作；

（2）电气安装板用于安装电气元件及零线（N）保护零线（PE）和端子板，宜采用优质绝缘板制作。当安装板和箱体采用折页式活动联接时，配线必须用编制铜芯软线跨接；

（3）N 端子板和 PE 端子板必须分别设置，避免 N 线和 PE 线混接；

（4）N 端子板与铁质的箱体之间必须保持绝缘；而 PE 端子板与铁质箱体必须保持良好电气连接，应采用紫铜板制作，其端子数应与进出线总路数量保持一致；

（5）固定式配电箱、分配电箱及开关箱，其箱体中心点距离地面高度应为 1.4 ～ 1.6m；移动式配电箱、分配电箱及开关箱，其箱体中心点距离地面高度应为 0.8 ～ 1.6m；

（6）配电箱、分配电箱及开关箱的箱门处应有规范的标牌，内容应包括名称、用途、分路标记、箱内线路接线图等；

（7）配电箱、分配电箱及开关箱均应装设门锁，由专人负责开启和上锁。下班停工或班中停止作业 1h 以上，相关电箱应归零、断电、锁箱；

（8）配电箱、分配电箱及开关箱配置的电气元件，应具备以下四种基本功能：

1）电源隔离功能；

2）电路接通与分断功能；

3）短路、过载、漏电等保护功能；

4）通电状态指示功能。

3．各级电箱的基本元件配置要求

（1）总配电箱应按三相五线形式布置，即必须设置 PE 端子板。

（2）总电路及分电路的电源隔离开关，均采用三路刀型开关，并设置进线端子。

（3）总电路及分电路隔离开关负荷侧设置三路断路开关（或熔断器、刀熔开关等短路保护装置），三相四线漏电开关。

（4）分配电箱应按次序装设隔离开关、短路保护（熔断器、短路开关）、过载保护器（热继电器等）。

（5）动力开关箱的电气元件配置，基本上与分配电箱相同，仅电流等级选择不同，漏电开关可选择三相三线型产品。

（6）照明开关箱应单独设置，照明线路采用二路刀开关、二路断路开关或熔断器和单相二线漏电开关。

（7）各类电箱的电气配置和接线严禁任意改动或加接其他用电设备。

4．各级电箱的接线及使用要求

（1）各级电箱的接线必须由经过按国家现行标准考核合格后的电工持证上岗操作；其他用电人员必须通过相关安全教育培训和技术交底，考核合格后方可上岗工作。

（2）安装、巡检、维修或拆除临时用电设备和线路，必须由电工完成，并应有人监护。

（3）电工在操作时，必须按规定穿戴绝缘防护用品，使用绝缘工具。

（4）配电装置的漏电开关应在班前，按下实验按钮检查一次，试调正常方可继续使用。

（5）暂时停用设备的开关箱必须分断电源隔离开关，并应关门上锁。

（6）移动电气设备时，必须经电工切断电源并做妥善处理后进行。

（7）严禁带电或采用预约停、送电时间方式检修电箱及用电设施。

（8）检修前必须断电，并在隔离开关上挂上"禁止合闸，有人工作"警告牌，由专人负责挂取、送电和停电应严格按下列顺序操作：

1）送电顺序：总配电箱→分配电箱→开关箱；

2）停电顺序：开关箱→分配箱→总配电箱。

3.1.5　施工现场的安装作业准备

1. 检查和处置安装场地及施工条件

（1）检查运输零、部、构件的车辆进场路线与卸料场地的安全性。

（2）检查现场供配电是否符合规定。

（3）高处作业吊篮安装位置与输电线之间的安全距离应不小于 10m。

（4）高处作业吊篮安装位置与塔机、施工升降机、物料提升机之间应保持足够的安全距离。

（5）悬挂装置安装位置的建筑物或构筑物的承载能力应符合产品说明书或设计计算书要求。

（6）清除悬吊平台和悬挂装置安装部位的障碍物；安装悬挂装置的楼层应具有基本平整条件；已做防水层的楼面，应准备足量木板，以加强成品保护。

（7）设置带有漏电开关和接地线的 380V 三相电源配电箱；确保每台高处作业吊篮有独立的成套开关电路供电；专用配电箱不得用于接用其他用电设备。

（8）在安装作业范围内设置有效防护和警示。

（9）经全面检查符合安装条件后，方可组织进场安装。

2. 检查安装用具及个人安全防护用品

（1）检查安装用工具、仪表、设施和设备，并确认其完好。

（2）检查安装拆卸作业警示标志，并确认其设置位置适当、醒目。

（3）检查安全绳、安全带、自锁器和安全帽，并确认其数量充足，质量符合相关标准规定且未达到报废程度。

3. 检查和清点待装零部构件

（1）检查所有待装零部件，并确认是经过检修合格的，且在规定使用期限内；

（2）检查所有待装结构件，并确认其无裂纹和明显弯曲，扭曲或局部变形；

（3）检查安全装置，并确认其有效、可靠、齐全，安全锁在有效标定期内；

（4）按整机安装数量清点零部件、结构件、配套件和紧固连接件的数量；

（5）准备垫块、木方等辅助材料；

（6）将检查清点合格的零部构件搬运至指定的待安装位置。

3.2 安装作业的安全技术要求

3.2.1 结构件安装安全技术要求

1. 结构件安装的一般要求

（1）不得采用不同制造厂商生产的结构件进行混装。

（2）应采用与原厂配套紧固件规格、强度等级相同的紧固件进行连接。

（3）特制悬挂装置、超长悬吊平台或异形平台，应由专业制造单位进行设计、提供定制构件，并按照专项施工方案指导安装与加载试验。

（4）安装要完整、齐全，不得少装、漏装。

（5）所有螺栓必须按规定加装垫圈。

（6）所有螺母均应紧固；有力矩要求的螺母，应使用力矩扳手按规定的力矩进行紧固；螺栓头部露出螺母 2 ～ 3 个螺距。

（7）开口销尾部打开时，要求分开的部分平直、对称；不允许长短不齐、带圆弧和上下留有空档；尾部分开角度应不小于 60°。

2. 悬挂装置安装的安全技术要求

（1）配重悬挂装置前后支座应安装在扎实、稳定的水平支承面上，且与支承面保持垂直。

（2）带承重脚轮的支座，需用插销将脚轮固定，防止作业时发生滚动；带非承重脚轮的支座，须将支座用木方垫实，使脚轮悬空不得受力。

（3）配重应稳定的固定在配重架上，且应设有防止可移动配重的措施。

（4）加强钢丝绳张紧程度，应符合产品使用说明书的规定。产品使用说明书无规定的，可参考如下方法张紧加强钢丝绳：旋转索具螺旋扣，初步预紧加强钢丝绳，消除横梁插接处间隙即可；测量横梁前端距离地面的高度；继续旋紧螺旋扣，使横梁前端上翘 30～50mm 为宜。

（5）如图 3-7 所示，前梁外伸尺寸不得超过产品使用说明书规定的最大外伸尺寸 L_{max}；前、后支座的水平距离不得小于产品使用说明书规定的最小距离 B_{min}；配重数量（重量）不得少于产品使用说明书的规定，确保悬挂装置的抗倾覆力矩与倾覆力矩之比不小于 3。

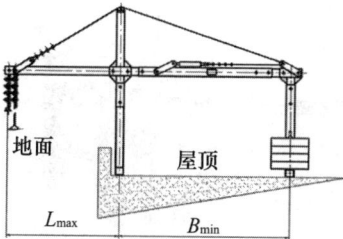

图 3-7　悬挂装置安装示意图　　　图 3-8　横梁安装示意图

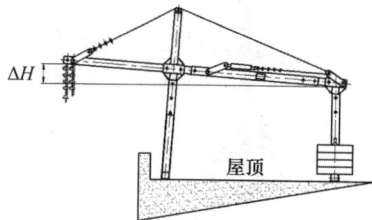

（6）如图 3-8 所示，配重悬挂装置的横梁安装后，只允许前端略高于后端，其水平高度差 $\Delta H \leqslant 4\%$ 横梁总长度。

（7）如图 3-9 所示，悬挂装置吊点安装后的水平间距与悬吊平台吊点间距的尺寸偏差 $A - B \leqslant 50mm$。注意：只允许悬挂装置吊点的水平间距略大于悬吊平台吊点间距。

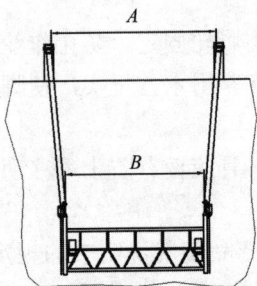

图 3-9　吊点间距偏差示意图

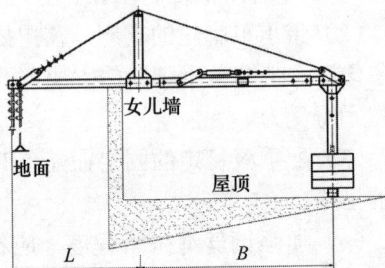

图 3-10　错误安装示意图

（8）如图 3-10 所示，不准将配重式悬挂装置的横梁直接安装在女儿墙或其他支撑物上。当受工程施工条件限制，配重式悬挂装置需要放置在女儿墙及建筑物外挑檐边缘等位置时，应采取防止其倾翻或移动的措施，且须校核支承结构的承载能力。

（9）如图 3-11 所示，前支座的上立柱和下支架的中心线应安装在同一铅垂线上。

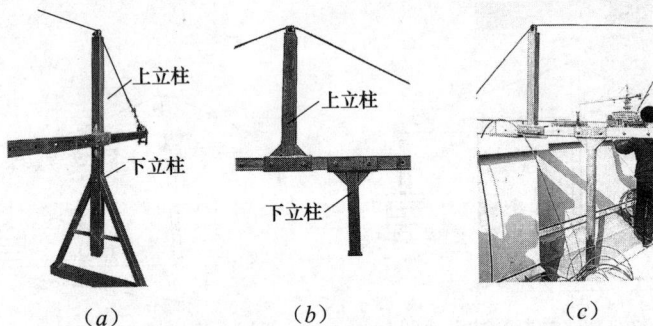

（a）　　　　　　　（b）　　　　　　　（c）

图 3-11　前支座安装示意图

（a）正确；（b）错误；（c）错误

（10）相邻安装的女儿墙卡钳，应校验其最小间距处支撑结构的强度。

（11）当配重悬挂装置的安装高度或横梁外伸长度超出产品使用说明书规定时，应由高处作业吊篮制造厂商进行专门验算，必要时应对悬挂装置进行加强或加固。

（12）当支承或固定悬挂装置的建筑物局部承载力不能满足要求时，应采取补强措施。

（13）如果受到现场安装空间或施工条件所限，在安装时需要对产品使用说明书规定的某项参数进行调整或变动时，必须征得高处作业吊篮制造厂商的同意，并且在其技术指导下进行调整或变动，以确保施工安全。

3.2.2　整机安装的安全技术要求

1. 整机安装的一般安全技术要求

（1）应确认安全锁在有效标定期内，方可进行安装。

（2）提升机和安全锁与悬吊平台的连接，应采用原厂配套的专用销轴或螺栓。插入销轴后，应将其端部锁止，防止意外脱落。

（3）安全钢丝绳必须独立于工作钢丝绳另行悬挂，如图 3-12（a）所示。

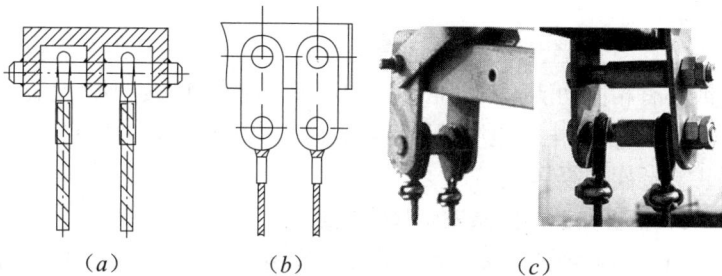

图 3-12　正确与错误安装示意图

（a）安装正确；（b）设计错误；（c）安装错误

图 3-12（b）所示，属于设计错误，产品只设计了一个钢丝

绳悬吊点，应拒绝安装。

图 3-12（c）所示，属于安装错误，产品设计有两个钢丝绳悬吊点，但把安全钢丝绳和工作钢丝绳安装在同一个悬吊点上，是绝对不能允许的。

（4）安全钢丝绳应选用与工作钢丝绳相同的型号、规格，避免因混用发生故障。

（5）钢丝绳绳端的固定应符合《高处作业吊篮》GB/T 19155—2017 的规定。

（6）安装在钢丝绳上端的上行程限位挡块和上极限限位挡块应分别安装，且确保固定可靠。

（7）精确调整上行程限位开关和上极限限位开关的摆臂，确认其能够有效触碰限位挡块。

（8）安全绳的性能指标应符合《坠落防护　安全绳》GB 24543—2009 的规定。

（9）将安全绳牢固地固定在建筑物或构筑物的结构上，不得以高处作业吊篮任何部位作为拴结点。

（10）在安全绳与女儿墙或建筑结构的转角接触处，垫上软垫或采取有效的防磨保护措施。

（11）安全带的性能指标应符合《安全带》GB 6095—2009 的规定。

（12）将安全带扣到安全绳上时，必须采用配套的专用自锁器或具有相同功能的单向自锁卡扣，并且注意自锁器不得反装。

（13）安装电源电缆保险钩，以防止电缆过度张力引起电缆、插头、插座的损坏。

2. 整机安装的定量安全技术要求

（1）钢丝绳的安装长度应满足，在悬吊平台下降至最低位置时，钢丝绳尾端露出提升机与安全锁出绳口的长度不小于 2m。

（2）在正常运行时，安全钢丝绳应处于悬垂绷直状态，应在其下端距地面 100 ～ 200mm 处，安装重量不小于 5kg 的重锤，如图 3-13 所示。

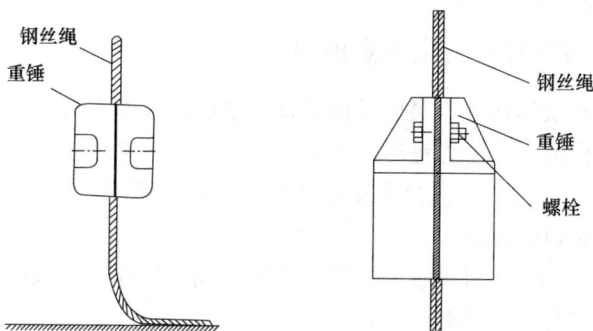

图 3-13　重锤安装示意图

（3）限位挡块的安装位置应能保证行程限位开关先于极限限位行程开关触发；极限限位行程的限位挡块，应与钢丝绳吊点之间保持不小于 0.5m 的安全距离。

（4）安全绳在承受 22kN 的静力试验荷载下应无撕裂和破断现象。

（5）安全绳尾部应垂放至地面或悬吊平台最低工作位置以下。

（6）坠落悬挂安全带进行整体静态负荷测试，应满足下列要求：

1）整体静拉力不应小于 15kN；

2）不应出现织带撕裂、开线、金属件碎裂、连接器开启、断绳、金属件塑性变形、模拟人滑脱、缓冲器（绳）破断等现象；

3）安全带不应出现明显不对称滑移或不对称变形；

4）模拟人的腋下、大腿内侧不应有金属件；

5）不应有任何部件压迫模拟人的喉部、外生殖器；

6）织带或绳在调节扣内的滑移距离不应大于 25mm。

（7）电源电缆悬垂长度超过 100m 时，应采取抗拉保护措施。

（8）在高处作业吊篮安装及运行范围 10m 内，有高压输电线路时应采取有效隔离措施。

（9）相邻安装的高处作业吊篮，其悬吊平台端部的水平间距应大于 0.5m。

3.2.3 安装作业安全注意事项

（1）安装作业人员应经过培训合格后，并取得特种作业人员操作资格证书，方可进行安装拆卸作业。

（2）安装作业人员应穿防滑鞋，正确佩戴安全帽、安全带、安全绳和自锁器。

（3）酒后、过度疲劳、服用不适应高处作业药物或情绪异常者不得参与安装拆卸作业。

（4）安装人员操作悬吊平台上下运行时，应将安全带的锁扣扣牢在自锁器上。

（5）在高处进行安装拆卸作业时，安装人员应佩戴工具袋。

（6）高处作业吊篮应在专业人员的指挥下，进行安装或拆卸。

（7）避免立体交叉作业。

（8）在雨、雪、大雾或风力超过五级的大风天气以及夜间，不得进行高处作业吊篮安装拆卸作业。

（9）在建筑物或构筑物安装层进行悬挂装置安装时，作业人员应与建（构）筑结构边缘保持安全距离；在狭小场地作业时，作业人员和设备均应采取有效的防坠落措施。

（10）由建（构）筑物安装层向下垂放钢丝绳时，作业人员应佩戴安全带，而且把安全带固定在可靠的拴结点上，以防止高空坠落。

（11）应缓慢释放钢丝绳，注意防止钢丝绳因下放长度增加，其下降速度增快而导致失控，引发事故。

（12）放置在安装层等待安装的钢丝绳应卷绕规整，零部构件应码放整齐，避免绊倒作业人员而发生意外。

（13）将连接提升机至电控箱的电缆线整齐地缠绕在平台护栏的中间栏杆上，避免电缆线受损或绊倒作业人员而发生意外。

（14）通电后，应首先检查电源相序，确认无误后，方可开始操作。

3.3 安装后的检查和验收

3.3.1 安装后检查和验收的组织与程序

1. 安装后的检查和验收组织

（1）高处作业吊篮属于在施工现场使用的自升式设备设施，应按照《建设工程安全生产管理条例》（中华人民共和国国务院令393号）的规定，施工单位在使用高处作业吊篮前，应当组织有关单位进行验收，也可以委托具有相应资质的检验检测机构进行检验验收。

（2）使用承租的高处作业吊篮设备，由高处作业吊篮使用单位会同产权单位、安拆单位、工程监理单位共同进行验收；实行施工总承包的，由总承包单位组织验收；验收合格的方可使用。

（3）高处作业吊篮安装后、验收前，应由安装单位技术负责人组织本单位的安全质量检验员和安装项目负责人对安装后的高处作业吊篮逐台进行自行检查。安装质量自行检查按附录A规定项目进行，并记录。对检验不合格的项目，由安装项目负责人立即组织整改。所有项目经自检及整改合格后，填写《高处作业吊篮安装质量检查验收表》（见附录A），并由所有参与自检的人员签字确认，存档备查。

2. 安装后的检查和验收程序

（1）由高处作业吊篮安装单位先行组织自检。

（2）安装单位自检合格后，将自检记录存档备查。

（3）由安装单位报请高处作业吊篮使用单位组织验收。

（4）由使用单位组织高处作业吊篮产权单位、安装单位和工程监理单位共同进行验收。

（5）安装质量验收项目可参考《高处作业吊篮安装质量检查验收表》（见附录A）。

（6）对验收合格的高处作业吊篮，经参与验收各方签字后方可投入使用。

（7）验收记录由高处作业吊篮安装单位、使用单位分别存档备查。

（8）高处作业吊篮安装验收合格后，应当在高处作业吊篮显著位置上挂设验收合格牌，标明验收单位、验收人、联系电话，并明确限载重量和限载人数等。凡未经验收或者验收不合格的高处作业吊篮，严禁投入使用。

3.3.2 安装后的检查和验收项目

1. 悬挂装置检查和验收项目

（1）悬挂装置施加于建筑物或构筑物的作用力，符合建（构）筑结构的承载要求。

（2）悬挂装置设有标明提升机极限工作荷载和标明不同横梁外伸长度和支撑间距所对应配重重量图表的标牌。

（3）横梁高度和外伸长度不大于产品使用说明书规定；如超出产品使用说明书规定的，属于特制悬挂装置。

（4）特制悬挂装置或采用特殊安装方式的悬挂装置，具有安装单位提供的通过专家论证／评估的专项施工方案。

（5）横梁安装水平高度差不大于横梁长度4%，且前高后低。

（6）前、后支座安装距离大于悬吊平台两吊点之间距离，且距离偏差不大于50mm。

（7）前、后支座与支承面的接触稳定牢固，如有脚轮已采取相应措施。

（8）前支座的上立柱与下支架安装在同一条铅垂线上。

（9）将横梁安装在女儿墙或其他支撑物上时，采取了防止横梁滑移或侧翻的约束装置或约束措施。

（10）配重数量和重量不少于产品使用说明书规定，无明显缺角少棱，且码放整齐、固定牢靠、锁止有效。

（11）悬挂装置抗倾覆稳定性符合《高处作业吊篮》GB/T 19155—2017规定，在正常工作状态下，悬挂装置的抗倾覆力矩与倾覆力矩的比值不得小于 3。

（12）加强钢丝绳的张紧程度符合产品使用说明书或有关规定。

（13）当整机稳定性由建（构）筑结构支撑或锚固件来保证时，应确认系统的所有方面都已根据规格、图纸和相关技术要求正确安装。

（14）预埋件（U 形或 J 形螺栓等）已由高处作业吊篮产权单位自行提供给土建施工单位预埋到结构中的，土建施工单位应出具一份正确安装这些预埋件的确认单。

（15）对可见并承受剪力和拉力的化学锚栓或机械膨胀锚栓，应抽样 20% 进行相应的扭矩和 / 或拉拔试验。

（16）对隐蔽并承受剪力和拉力的化学锚栓或机械膨胀锚栓，应进行 100% 的相应扭矩和 / 或拉拔试验。

2. 悬吊平台检查和验收项目

（1）悬吊平台拼接长度不超过产品使用说明书规定。

（2）超长拼接的悬吊平台须通过专家论证 / 评估。

（3）悬吊平台零部件应齐全、完整，不得少装、漏装或混装。

（4）悬吊平台内部宽度不小于 500mm。

（5）悬吊平台底部四周踢脚板的高度不得小于 150mm；底板上无直径大于 15mm 孔洞。

（6）四周栏杆高度应不小于 1000mm。

（7）在平台工作面一侧，设有靠墙轮或缓冲带等立面保护装置。

（8）在平台明显部位有永久醒目地注明额定载重量和允许乘载人数及其他注意事项。

3. 提升机与安全锁的检查和验收项目

（1）提升机和安全锁均应采用专用螺栓或销轴与悬吊平台可靠连接。

（2）提升机进绳口孔口磨损后的尺寸不得超过两倍钢丝绳直径。

（3）提升机外壳应平整无明显机械损伤，不得存在裂纹。

（4）提升机铭牌内容完整、清晰。

（5）提升机不存在漏油或明显渗油现象。

（6）安全锁在有效标定期内。

（7）安全锁外壳平整，无明显机械损伤；运动部件无阻卡现象。

（8）安全锁铭牌内容完整、清晰。

4. 钢丝绳的检查和验收项目

（1）工作钢丝绳和安全钢丝绳的规格型号应相同，且符合产品使用说明书的规定。

（2）钢丝绳的质量不超过现行国家标准《起重机 钢丝绳 保养、维护、检验和报废》GB/T 5972—2016 规定的报废条件。

（3）钢丝绳表面镀锌、无油。

（4）钢丝绳表面无附着物或缠绕纤维等异物。

（5）钢丝绳的绳端固定，须符合现行国家标准《塔式起重机安全规程》GB 5144—2006 有关钢丝绳绳端固定的规定，且不得使用 U 形钢丝绳夹。

（6）在钢丝绳回弯处，须使用鸡心环进行保护。

5. 安全绳和自锁器的检查和验收项目

（1）安全绳的性能指标，应符合现行国家标准《坠落防护安全绳》GB 24543—2009 的规定。

（2）安全绳无松散、打结和中间接头等现象；无割伤、断股、集中断丝或严重拉毛等缺陷。

（3）安全绳应固定在有足够强度的封闭型建（构）筑结构上，绳端固定应牢靠；不存在固定在高处作业吊篮部件上的情况。

（4）在安全绳转角处与锐边接触的部位，有加垫软体材料，以防止绳被磨断的保护措施。

（5）根据限定作业人员的数量，按标准规定配有足量的安全绳。

（6）自锁器与安全绳直径规格相一致。

（7）自锁器各部件完好、齐全，规格和方向标识清晰可辨。

6. 电控系统的检查和验收项目

（1）电控箱牢固、稳妥地安装在悬吊平台非工作一侧的护栏上。

（2）电缆线绝缘外皮无严重明显破损或挤压变形。

（3）电源电缆不得存在中间接头。

（4）电源电缆上端保护钩固定牢靠。

（5）长度超过100m电源电缆采取了抗拉保护措施。

（6）连接各部件的电缆线排列规整且固定有序。

（7）电控箱外壳平整，无明显变形；按钮、旋钮、指示灯、插座和门锁完好无损。

（8）电控箱内元器件完好无损，布线规则整齐，不存在飞线现象。

（9）各控制按钮和开关动作准确、可靠，标识清晰、正确。

（10）电气系统采用三相五线制供电方式。

（11）电气系统应具备过热、短路、漏电、相序和急停等安全保护功能；漏电保护装置的灵敏度不小于30mA；急停按钮能切断主电源控制回路。

（12）控制电源与主电源之间有变压器进行有效隔离；控制电路采用了安全电压。

（13）电气设备防护等级不低于IP54。

（14）与电源线连接的插头采用的是母式结构。

（15）带电零件与机体之间的绝缘电阻不小于2MΩ。

（16）电气系统接地电阻不大于4Ω，并设有明显接地标志。

（17）电控箱能有效防水且门锁完好。

7. 整机的检查和验收项目

（1）工作钢丝绳与安全钢丝绳分别安装在悬挂装置的独立悬挂点上。

（2）安全钢丝绳的下端安装有重锤，且重锤底部离地高度在100～200mm范围内。工作钢丝绳是否安装绳坠铁，按产品使用说明书的规定检查。

（3）钢丝绳的长度应满足悬吊平台能够安全落地。

（4）安装在钢丝绳上端的行程限位和极限限位挡块固定可靠，分别能够与上限位开关和上极限限位开关有效触碰。挡块与钢丝绳固定点之间保持不小于 0.5m 的安全距离。

（5）相邻悬吊平台端部留有不小于 0.5m 的安全距离。

（6）所有连接螺栓按规定加装垫圈，其头部露出螺母 2～3 个螺距。

（7）所有销轴端部安装有防脱落装置；开口销开口角度大于 60°，且符合有关规定。

（8）所有紧固件不存在错装、漏装或混装现象，且均已紧固到位。

（9）所有结构件无明显的局部变形或整体明显的塑性变形；管件磨损或锈蚀不得大于设计壁厚的 10%。

（10）所有焊接件的焊缝不存在肉眼可见裂纹。

（11）高处作业吊篮任何部位与输电线的安全距离不小于 10m 或具有供电部门书面意见，且采取相应的安全防护措施。

（12）每台高处作业吊篮配备有一机、一闸、一漏电保护的专用配电箱，且符合行业标准《施工现场临时用电安全技术规范》JGJ 46—2005 的规定。

（13）在悬吊平台运行范围内无障碍物；与塔机、施工升降机和物料提升机等其他施工设备之间保持有足够的安全距离。

8. 试运行的检查和验收项目

（1）空载试运行

在悬吊平台距地面 5m 的高度范围内，做三次升降运行。

1）检查电源相序应正确，按钮操作应正常；

2）提升机无异常声响，电动机电磁制动器动作灵活可靠起动、制动平稳正常；

3）悬吊平台运行平稳，无冲击现象；

4）按下"急停"按钮，悬吊平台应能停止运行；"急停"按钮需手动复位后，方可运行恢复正常操作；

5）扳动上行程限位开关的摆臂后，悬吊平台应能停止向上运行；松开摆臂后，即可恢复正常运行；

6）扳动上极限行程限位开关的摆臂后，悬吊平台应能停止向上运行；摆臂需手动复位后，方可恢复正常运行；

7）手动滑降检查，将悬吊平台上升 3～5m 后停住，取出提升机手柄内的拨杆，并将其插入电机风罩内的拨叉孔内，在悬吊平台两端，同时向上抬起拨杆，悬吊平台应能平稳滑降，滑降速度应不小于提升机额定速度的 20%；

8）观察提升机累计计时装置工作正常。

（2）额定载重量试运行

在悬吊平台内均匀装载额定载重量（包括机上人员重量），悬吊平台上下运行 3～5 次，每次行程 3～5m。

1）提升机起动、制动平稳，无异常声响；

2）悬吊平台运行平稳，无冲击现象；

3）在运行过程中无异常声响、停止时无滑降现象；

4）将悬吊平台升至离地 1m 左右，停止运行，检查提升机制动器应灵敏、有效，无滑移现象；

5）在悬吊平台升降过程中，试验急停按钮应正常、有效；

6）在悬吊平台倾斜状态下，试验自动调平功能灵敏、可靠；

7）试验安全锁锁绳性能符合规定；

8）将悬吊平台升至离地 2m 左右停止运行，试验手动滑降应正常、有效；

9）将悬吊平台升至最大高度，使上行程限位开关触及限位挡块，上行程限位装置灵敏、有效；

10）将悬吊平台升至最大高度，使上行程极限限位开关触及限位挡块，上行程极限限位装置灵敏、有效；

11）试验完毕后，检查悬吊平台和悬挂装置的连接正常，各连接处应牢固，无变形、松动现象。

9. 安装质量安全检查和验收表

高处作业吊篮安装质量的安全检查与验收，可参照附录 A

《高处作业吊篮安装质量检查验收表》的项目进行。

3.4　安装过程常见问题与故障处理

3.4.1　安装过程常见问题处理

1. 悬挂装置安装常见问题处理

（1）施工现场不具备安装前支座的条件，需将横梁放置在女儿墙上

1）应首先确认女儿墙能否承受高处作业吊篮工作时产生的最大荷载；

2）若确认女儿墙能够承重，则可采取有效措施将横梁固定或稳妥地卡在女儿墙上，以防止横梁滑移或侧翻；

3）若确认女儿墙不能承载，则不可将横梁架设在女儿墙上。

（2）横梁外伸长度过长或横梁架设过高，超出产品使用说明书规定的范围

1）须由高处作业吊篮制造厂商提供特制吊篮专项施工方案和设计计算书；

2）经专家审查、论证／评估、确认安全后，方可投入使用。

（3）施工现场无法安装高处作业吊篮标配悬挂装置，须架设特制悬挂装置

1）须由高处作业吊篮制造厂商制造并提供特制悬挂装置；

2）由高处作业吊篮制造厂商出具专项施工方案、设计计算书和出厂检验报告；

3）经过专家审查、论证／评估、确认安全后，方可投入使用。

2. 悬吊平台及相关部件安装常见问题的处理

（1）平台安装长度超出产品使用说明书规定的范围

1）须由高处作业吊篮制造厂商提供设计计算书和出厂检验报告；

2）经过专家审查、论证／评估、确认安全后，方可投入使用。

（2）在主悬吊平台侧面外挂辅助平台

1）须由高处作业吊篮制造厂家提供设计计算书和试验报告；

2）经过专家审查、论证/评估、确认安全后，方可投入使用。

（3）安装除矩形平台之外的异形平台

1）须由高处作业吊篮制造厂商提供设计计算书和型式检验报告；

2）经过专家审查、论证/评估、确认安全后，方可投入使用。

3. 钢丝绳安装常见问题的处理

（1）钢丝绳穿入提升机或安全锁不顺畅

1）检查钢丝绳头部是否规整，必要时进修磨；

2）检查提升机或安全锁进绳通道是否通畅。

（2）钢丝绳过长

1）可把富余的钢丝绳存留在悬挂装置的吊点以上；

2）将钢丝绳固定在吊点处后，把剩余的钢丝绳卷绕成卷，挂在前支座上。

4. 整机安装后常见问题的处理

（1）安全绳被拴结在开放型建（构）筑结构上

1）安全绳很可能从开放型建（构）筑结构上脱出，是非常危险的；

2）应该另行寻找封闭型建（构）筑结构，用来拴结安全绳。

（2）同一吊点的安全钢丝绳与工作钢丝绳在空中相互缠绕

1）须及时排除缠绕现象；

2）必要时，把安全钢丝绳从安全锁中退出；

3）排除缠绕现象后，重新把安全钢丝绳穿入安全锁。

（3）接上电源后，电源指示灯不亮

1）可能电源未接通，检查电控箱电源开关；

2）进线端有电，出线端无电，则电源开关失效或损坏，需修理或更换电源开关；

3）重新合闸，检查漏电保护器，若脱扣试验按钮自动弹出，则电气系统存在漏电之处，必须排除；

4）若按钮未弹出，但出线仍无电，则漏电保护器损坏，应

进行修理或更换;

5）检查相序保护器，若红色指示灯亮，则表明电源相序不正确或电源缺相；更正相序或查明缺相原因并解决;

6）检查主回路熔断器，若熔断器熔断，须先查明系统有无短路之处，排除后更换熔芯;

7）还可能是控制变压器损坏，则更换变压器;

8）可能电源指示灯损坏，更换灯泡。

（4）接通电源后，提升机不动作

1）检查热继电器是否未复位或损坏，按下复位按钮或更换热继电器;

2）检查急停按钮是否未复位，进行复位;

3）检查控制回路熔断器是否熔断，更换熔芯;

4）检查接触器是否失效或损坏，修复或更换接触器;

5）检查启动按钮是否失效或损坏，修复或更换按钮;

6）检查电动机及其接线是否有问题，排除接线问题或更换电动机。

（5）电动机只响不转

1）检查电源、电控箱内部、电动机与电控箱之间是否缺相或电动机内部断相，逐一排除或更换电动机;

2）检查提升机是否被卡住；如果提升机内部传动系统被卡住或钢丝绳卡在提升机内，则将提升机解体进行排除。

（6）提升机空载启动正常，加载启动异常

1）检查电源电压是否低于 340V，则解决电源问题;

2）查看接入电控箱的电源电缆是否过长或过细，更换电源缩短电缆长度，或换成更大截面的电缆，以降低电阻;

3）可能电动机起动力矩过小，则需更换电机。

（7）松开操作按钮停不住车

1）查看接触器触点是否粘连，修复或更换接触器;

2）查看按钮是否被卡住或损坏，排除或更换按钮。

（8）断电后提升机下滑

1）检查提升机制动器是否失灵或损坏，调整或更换制动器；

2）查看提升机压绳机构是否失效，更换磨损超标的零件或调整或更换弹簧；

3）查看钢丝绳表面是否沾有油污，清除油污。

（9）上行程限位装置不起作用

1）查看电源相序是否接反，更换相序；

2）查看限位开关能否碰到限位挡块，调整两者之间的相互位置，使其有效接触；

3）查看限位开关失灵或损坏，修复或更换限位开关。

（10）安全锁失灵或失效

1）查看安全锁锁绳距离或锁绳角度过大或安全锁不锁绳的原因；

2）发现安全锁失灵或失效，必须及时更换；

3）对于存在问题的安全锁，必须由制造厂商进行修复并且重新标定。

3.4.2 安装后常见故障处理

安装后常见故障的原因分析及排除方法见表 3-1。

常见故障原因分析及排除方法　　　　　　表 3-1

序号	故障现象	原因	排除方法
1	电源指示灯不亮	电源未接通；变压器损坏；灯泡损坏	逐级检查电源
			修复或更换变压器
			更换灯泡
2	悬吊平台静止时下滑	电动机电磁制动器磨损；间隙过大	调整摩擦盘与衔铁的间隙，合理间隙应为 0.6 ～ 0.8mm
			更换电磁制动器或摩擦盘
3	平台升降时停不住	控制按钮损坏；交流接触器主触点未脱开	按下"急停"按钮使悬吊平台停住，断电后更换接触器或控制按钮
4	悬吊平台不能升降	供电不正常；控制线路失灵	检查有无漏电，检查三相供电是否正常
			等几分钟后再启动或更换热继电器
			检查并插紧接插件或更换
			检查熔断丝或更换

序号	故障现象	原因	排除方法
5	悬吊平台异常倾斜	电磁制动器磨损；离心限速器弹簧松弛；平台内荷载不均	调整电磁制动器间隙
			更换离心限速器弹簧
			调整平台内荷载
6	提升机不动作或电动机发热冒烟	制动器衔铁不动作或衔铁与摩擦盘的间隙过小；制动器线圈烧坏；整流模块损坏；热继电器或接触器损坏；转换开关损坏	调整制动器衔铁与摩擦盘的间隙或更换衔铁
			更换制动器线圈
			换整流模块
			更换热继电器或接触器
			更换转换开关
7	电动机只响不转	缺相；内部断相	检查电源供电情况
			用兆欧表检查断相情况
8	提升机或电机异常噪声	电机或提升机内零部件受损	更换损坏零部件
9	提升机过热	缺少润滑油或润滑不良；长时间满载或超载运行	补充或更换润滑油
			降低荷载或避免长时间运行
10	断电后提升机下滑	钢丝绳表面沾油；绳轮槽磨损过度；压绳弹簧过松或损坏；制动器失效	去除油渍
			更换绳轮
			调整或更换弹簧
			调整或更换制动器
11	工作钢丝绳不能穿入提升机或异常磨损	钢丝绳端头焊接质量不佳；支承组件或压绳机构损坏	磨光钢丝绳端头焊接部位或重新制作端头
			更换支承组件、导绳轮或压绳机构
12	工作钢丝绳卡绳	钢丝绳松股或存在缺陷；钢丝绳绕绳通道受阻	清理或更换钢丝绳
			清理绕绳通道或更换损坏零件
13	提升机带不动悬吊平台	电源电压过低或缺相；传动装置损坏；制动器未打开或未完全打开；压绳机构杠杆变形	检查供电电源
			检修提升机
			并检查制动器能否正常吸合
			校直压绳机构杠杆或更换

序号	故障现象	原因	排除方法
14	悬吊平台无法上升	上升按钮失效；上行程限位开关失灵；上行接触器附着触点接触不良	修复或更换失效的元件
15	悬吊平台无法下行	下降按钮失效；下行接触器附着触点接触不良	修复或更换失效的元件
16	工作时总线路跳闸	电源线进电器箱前经过总线的三相漏电保护开关	总线改为四相漏电保护器
			跳过总线漏电保护开关
17	离心触发式安全锁离心机构不动作	离心弹簧过紧；绳轮弹簧压紧不够；异物堆积	更换离心弹簧或绳轮弹簧
			清除异物，并重新标定
18	安全锁锁绳时打滑或锁绳角度偏大	安全钢丝绳上有油污；安全锁绳夹磨损；安全锁动作迟缓；两套悬挂装置间距过大	清洁或更换钢丝绳
			更换安全锁绳夹
			更换安全锁扭簧
			调整悬挂装置间距

3.5 拆卸作业及安全技术要求

3.5.1 拆卸作业管理和准备工作

1. 拆卸作业管理要求

（1）安全技术交底

1）高处作业吊篮在拆卸施工前，应由拆卸单位项目技术负责人依据专项施工方案、工程实际情况、特点和危险因素编写安全技术交底书面文件，并向参与拆卸施工的班组和所有人员进行详细的安全技术交底。

2）安全技术交底完毕后，所有参加交底的人员应履行签字手续并归档保存。

（2）拆卸现场管理

1）拆除作业人员应按拆除方案规定的程序和操作规程进行高处作业吊篮的拆除作业。

2）拆除过程中，应有专业技术人员和专职安全管理人员进行现场安全监督与管理。

3）直至拆卸的高处作业吊篮各部件安全装车，运回产权单位进行下次租赁前的转场维修与保养。

2. 拆卸作业准备工作

（1）安拆人员学习并熟知专项施工方案。

（2）通知无关人员远离拆卸现场。

（3）在拆卸现场画定安全区域，排除作业障碍，设置警示标志或安全围栏。

（4）确认在 10m 范围内无高压输电线路，或按照行业标准《施工现场临时施工用电安全技术规范》JGJ 46—2005 的规定，采取有效隔离措施。

（5）清除高处作业吊篮拆卸运输线路的障碍物。

（6）对待拆除的高处作业吊篮进行全面检查，登记零部件损坏的情况，并记录有关状况。

（7）将悬吊平台下降到平整的地面或稳定、可靠的固定平台之上。

（8）在待拆卸的高处作业吊篮上悬挂"拆卸中禁止使用"的警示牌。

3.5.2 拆卸作业安全技术要求

高处作业吊篮拆除时应按照专项施工方案，并在专业人员的指挥下实施。

1. 电气系统拆卸安全技术要求

（1）在拆卸电气设备之前，必须确认电源已经被切断。

（2）应由电源端向用电器端进行拆除。

（3）将拆下的电控箱放置在不易磕碰的位置，避免损坏。

（4）将拆下的电源电缆卷成直径 600mm 左右的圆盘，并且扎紧放置到安全位置。

2. 钢丝绳拆卸安全技术要求

（1）拆卸人员必须系好安全带后，方可将钢丝绳收回到屋顶。

（2）将钢丝绳从悬挂装置上拆下后，卷成直径约 600mm 的圆盘，扎紧后摆放到平坦、干燥处。

3. 悬挂装置拆卸安全技术要求

（1）在建筑物或构筑物屋面上进行悬挂装置的拆卸时，作业人员应与屋面边缘保持 2m 以上的距离，并应对作业人员和设备采取相应的安全防护措施，其安全防护措施应符合行业标准《建筑施工高处作业安全技术规范》JGJ 80—2016 的规定。

（2）拆卸分解后的零部件不得放置在建筑物或构筑物边缘，并采取防止坠落的措施。

（3）拆卸的配重应码放稳妥，不得堆放过高，防止倾倒伤人。

（4）零散物品应放置在容器中，避免散落丢失或坠落伤人。

（5）不得将任何零部件、工具和杂物从高处抛下。

4. 悬吊平台及相关部件拆卸安全技术要求

（1）拆卸人员从悬吊平台上拆卸提升机时，须配合默契、统一，防止被挤伤或砸伤。

（2）将拆下的平台结构件分类码放整齐，堆放不宜过高。

（3）将拆下的提升机、安全锁和电控箱分类码放，不得相互挤压或碰撞。

3.6 安装与拆卸作业的危险源辨识

由于施工现场，安装和拆卸高处作业吊篮具有很大的难度及风险。零部件杂乱，安装环节众多，立体交叉作业，作业环境差。对高处作业吊篮安装企业的现场管理和安拆人员的专业素质要求很高。高处作业吊篮安装质量是保障施工安全的重要环节，每一个细微的疏漏，都可能成为一个危险源，都有可能给安拆工本人或高处作业吊篮使用者带来致命的伤害。

安装与拆卸过程中的危险源，主要来自于现场环境、施工组织、人员素质、安装方式及现场管理五个方面。

3.6.1 关于现场环境的危险源辨识

1. 架设悬挂装置的建（构）筑结构承载能力的辨识

安装作业前，首先需要确认用于架设标配吊篮悬挂装置的屋面结构的承载能力是否满足产品使用说明书的要求；确认所安装的特制吊篮的悬挂装置的基础与屋面结构承载能力、预埋件、锚固件等是否符合高处作业吊篮安拆专项施工方案的要求。如果用于安装高处作业吊篮的基础结构不能满足要求，强行或者勉强进行安装，则是高处作业吊篮安装施工的最大危险源之一。

2. 作业场地周边环境条件的辨识

在安装与拆卸作业之前需确认：

（1）在安装与拆卸作业范围是否设置了警戒线或明显的警示标志，否则存在伤及无关人员的危险性。

（2）确认是否存在垂直交叉作业的情况，否则存在坠物伤人的危险性。

3. 作业时的自然条件的辨识

（1）需确认安装与拆卸作业时的天气情况。在恶劣的气候条件下作业，例如遇雷雨，大风，冰雪天气进行高处作业吊篮安装与拆卸作业，存在发生事故的危险性。为此，《高处作业吊篮安装、拆卸、使用技术规程》JB/T 11699—2013 明确规定，"当遇到雨天、雪天、雾天或工作处风速大于 8.3m/s 等恶劣时，应停止安装作业。"

由于高处作业吊篮由钢丝绳悬吊属于柔性约束，因此抵抗恶劣气候的能力较差。因恶劣气候条件引发的事故时有发生。

例如，2009 年 11 月 2 日，在华东地区嘉闵高架工程施工现场，一台悬挂在 40 多米高的高处作业吊篮上，站着四名工人正在对高架防撞墙的钢板进行拆除作业。由于现场风力过大，平台发生剧烈晃动，其中两名工人不幸从高空坠落，径直摔落在地面当场死亡。另外两名工人紧紧抓住平台护栏，被公安消防部门救下。

（2）需确认安装与拆卸作业时的光线与照明情况。在光线昏暗处或夜间进行高处作业吊篮安装与拆卸作业，难以发现和避免潜在危险的发生。为此，《高处作业吊篮安装、拆卸、使用技术规程》JB/T 11699—2013 规定"夜间应停止安装作业。"

3.6.2 关于施工组织的危险源辨识

确认有无专项施工方案、是否盲目进行安拆作业、安装特制高处作业吊篮的专项施工方案是否经过专家论证 / 评估，都关系着高处作业吊篮安装、拆卸与使用的安全性。

1. 标配吊篮安装需确认专项施工方案

对于标配吊篮安装需确认有无专项施工方案。没有专项施工方案，盲目进行安装与拆卸作业，具有极大的危险性和潜在的使用安全隐患。

例如，2007 年在某商厦进行幕墙施工时，在没有专项施工方案情况下，工人自行安装高处作业吊篮。因建筑结构不规则，所安装的悬挂装置的横梁外伸长度超过了产品使用说明书规定的极限长度尺寸，且事前未经过计算校核，又未编制专项方案，采取相应的加强措施。结果，在使用过程中，一侧横梁因强度不足突然严重弯曲，致使悬吊平台大角度倾斜，幸亏四名作业工人系有安全绳，才没有发生坠落伤亡事故。

2. 特制吊篮安装需确认专家论证 / 评估结论

对于特制吊篮安装需严格查验专项施工方案是否经过专家论证评估，也是降低或消除安装危险性的重要环节。在实践中，通常把专业制造厂按标准图纸批量生产，且经过型式试验的吊篮称作标配吊篮。对于标配吊篮只需严格按照制造厂商产品使用说明书的各项规定进行安装，应该能够保证使用安全。但是，在施工现场存在着大量的由于建（构）筑结构尺寸所限，需要超出产品使用说明书规定进行安装，或由于受建（构）筑构造特殊性的影响而定制特殊结构的特制吊篮。由于这些特制吊篮不仅超出了产品使用说明书规定的范围，而且情况各异，难以对其专项施工方案进行统一规范和简单要求。因此，规定须由具有丰富的高处作业吊篮施工安全理论与实践经验且具有高级技术职称的数名专家对专项施工方案进行论证／评估是十分重要的。专家论证／评估的重点应当是设计计算书及施工方案的安全可靠性，以避免因施工方案的错误或缺陷而发生安全事故。

例如，2007 年 7 月 19 日，在华北地区某工厂宿舍楼进行外墙施工时，安装人员擅自将高处作业吊篮的横梁左、右各一根，间隔 6m，直接放在两栋楼之间天井处的女儿墙上。在两端未做任何可靠的固定的情况下，将其用于悬挂吊篮平台。由于女儿墙顶部向内倾斜，在高处作业吊篮使用过程中，因晃动使其中一根横梁的一端滑入女儿墙内壁而使整根横梁坠落，造成平台倾覆，两名作业人员当场坠落死亡。对于如此明显的安装缺陷问题，如果经过专家论证／评估把关，应能得到及时制止与纠正。

3.6.3 关于人员素质的危险源辨识

高处作业吊篮安装与拆卸作业属于典型的坠落高度 30m 以上的特级高处作业。安装与拆卸过程复杂、环境恶劣、专业性强、危险性大。

如果由未经专业安全技术培训并取得相应证书的人员进行安装与拆卸作业，存在很大的伤害本人、伤害他人或被他人伤害的危险性。

1. 缺乏自我安全保护意识存在自我伤害的危险性

例如，2002 年 5 月 13 日，在华北某小区，一名进城不足 3 个月的农民工，未经任何安全技术培训、考核，无资格证书，就被安排进行高处作业吊篮的拆卸作业。由于不懂基本操作要领，未按高处作业规定进行安全防护，没系安全带，不用安全绳，就站在 33 层楼顶女儿墙外侧的挑檐处拆卸悬挂钢丝绳。当钢丝绳在吊点处被拆的一瞬间，在钢丝绳自重的牵带下，该农民工连人带钢丝绳从33层楼顶坠落至地面，当场死亡。

再如，2008年3月23日在华东地区某工地，民工邓某在安装时，不慎从17层坠落至8层楼面，当场死亡。邓某当时尚不满18周岁，在安装作业前未经安全技术培训。

由二事故案例可见，缺乏安全知识和自我安全保护意识，发生自我伤害的安全事故是迟早会发生的。因此，施工单位必须特别注意查验，安拆人员应经过严格的专业安全技术培训，并经过考核合格取得"建筑特种作业吊篮安装拆卸资格证书"，方可安排进行安装与拆卸作业。安拆人员也应从自我生命安全保护的角度考虑，自觉地接受培训和考核，坚持持证上岗，并有权拒绝不符合安全法规规定工作安排。

2. 缺乏安装专业知识存在被伤害的危险性

由于安装人员缺乏专业知识或安装不到位，其结果将造成安全事故，使本人受到高处作业吊篮事故的伤害。

例如，2005年10月24日，胶东某建筑工程有限公司项目部在某仓库外墙修缮施工。当施工人员雷某、胡某和雷某某开动高处作业吊篮升至二楼时，悬挂装置前梁吊点处的悬挂钢丝绳的销轴突然脱出，一侧钢丝绳脱落造成悬吊平台坠落，三名施工人员一同坠地，雷某经抢救无效死亡，胡某和雷某某重伤。事后调查发现，雷某等人违反设备管理规定，对使用的高处作业吊篮进行私自拆装移动，安装时未在销轴端部插入开口销进行轴向固定，作业前又未按规定对设备进行安全检查，造成销轴脱落，引发安装人员被自己安装的设备所伤害的安全事故。

3. 安装不规范存在伤害他人的危险性

由于安装人员安装不规范、不到位，遗留下安全隐患，结果造成伤害他人的安全事故。

例如，2009年3月26日，在某地建筑工地，一高处作业吊篮正在进行外墙贴瓷砖施工，突然平台一侧钢丝绳脱落，三名工人当即从10余米高的空中摔到地上，造成二死一伤的安全事故。

事故原因是，由于安装人员在安装钢丝绳绳夹时，绳夹固定不规范，未紧固到位，使用时受到平台荷载作用，钢丝绳从绳夹中被抽出，造成平台倾覆，危及设备使用人员的生命安全。

2011年5月20日，在华南地区某市一大厦外墙装修工程现场，一台高处作业吊篮下降到三楼时，平台左侧突然下坠，所幸坠落高度不高，四名工人不同程度受伤。事故原因竟然是，安装时两个吊点悬挂的钢丝绳长短不一致，其中左侧钢丝绳并未垂到地面，安装后也未按规定进行检验验收，即投入使用。结果，造成左侧提升机在下降过程中，因无绳缠绕而发生坠落。

4. 违反拆卸程序存在人员伤害的危险性

专项施工方案所规定安装与拆卸程序，都是经过专业技术人员按照有关规定的编制、审批程序确定下来的技术文件，安装拆卸作业人员应严格执行。但是在实际作业中，总是有人自行其是，不按规定的程序进行施工，往往造成事故。

例如，2000年8月21日在华北地区某高教小区施工现场，一高处作业吊篮在悬吊平台升至离地约20m时，突然一侧悬挂装置的横梁被拔出，致使平台单侧悬挂，倾斜在空中，所幸3名工人死命抓住护栏，由大楼的第7层窗口爬进楼内逃生。事故原因是，安装人员违反拆卸程序，在拆卸时，既未事先切断电源，又未将钢丝绳从提升机和安全锁中退出，便先行将楼顶悬挂装置横梁的连接螺栓松开了；在设备拆卸时既未设置相关标识，又未通知相关人员，致使地面上的三名工人毫不知情地贸然进入悬吊平台进行操作，造成一侧横梁被拔出发生坠落。

3.6.4 关于安装方式的危险源辨识

1. 超高安装悬挂装置横梁存在的危险性

超过产品使用说明书规定的悬挂装置高度进行安装存在如下危险性：

（1）前支座存在受压失稳的可能性

根据受力分析，在悬挂装置横梁前端施加向下的悬吊力，以及在横梁后端承受配重施加的向下作用的稳定力的共同作用下，作为支点的前支座承受着横梁垂直向下压力。前支座属于典型的受压构件，存在着压杆稳定性的问题。

因为，标配吊篮属于定型产品，是经过型式试验的产品，所以在产品使用说明书规定高度范围内安装悬挂装置是不存在前支座受压失稳问题的。但是，超出产品使用说明书规定的悬挂装置高度进行安装就存在压杆失稳的问题。

（2）悬挂装置存在整体侧翻的可能性

随着悬挂装置高度增加，其重心高度也会相应增高；重心的增高，降低了整体稳定性。尤其在侧向支撑距离较小的横向，悬挂装置侧向倾翻可能性很大。

综上所述，超过产品使用说明书规定的高度安装悬挂装置时，应对其前支座压杆稳定性及侧向稳定性进行专门计算或校核，或通过专业的试验方法来确定其稳定性在安全的范围内，并通过专家论证/评估来进一步把关。

2. 超长安装悬挂装置横梁存在的危险性

超过产品使用说明书规定的悬挂装置横梁外伸尺寸进行安装存在如下危险性：

（1）横梁存在因强度不足而被破坏的可能性

根据受力分析，在悬挂装置横梁前端施加悬吊荷载时，横梁外伸端的根部是存在最大应力的横截面。

同样，在产品使用说明书规定外伸长度范围内安装悬挂装置是不存在横梁强度不足问题的。但是，超出产品使用说明书规定的横梁外伸尺寸进行安装，就存在横梁强度不足的问题。

（2）横梁存在侧向弯曲过度甚至失稳的可能性

随着横梁外伸尺寸的增加，其侧向稳定性将大幅度降低，横梁侧向弯曲和失稳的可能性很大。

综上所述，超过产品使用说明书规定的外伸长度尺寸安装悬挂装置时，应对其横梁的强度及侧向稳定性进行专门计算或校核，或通过专业的试验方法来确定其强度和稳定性在安全的范围内，并通过专家论证／评估来进一步把关。

3. 将悬挂装置横梁直接放在女儿墙上存在的危险性

不采取安全措施直接把横梁担在女儿墙上存在如下危险：

（1）女儿墙存在不具备承载能力的危险性

由女儿墙的设计功能所决定，只具备外观装饰功能的女儿墙，毫无强度可言；只具备防护人员安全功能的女儿墙，虽然具有一定强度，但不足以承担高处作业吊篮作业荷载的能力。如果贸然把悬挂装置的横梁直接担在女儿墙上，是非常危险的。

（2）悬挂装置存在侧翻或滑移的危险

不安装前支座直接把横梁担在女儿墙上的现象，在施工现场普遍存在，存在极大危险性。

2000 年 8 月 13 日在华北某高教小区施工现场，一台高处作业吊篮悬挂装置的二根前梁与中梁在连接处折断，连同悬吊平台从大约 15m 高处坠落到二层脚手架上，造成一人死亡，三人重伤。经事故现场勘查发现：

1）采用 ZLP 500 型悬挂装置，混装另一企业制造的 ZLP 800 型高处作业吊篮，存在"小马拉大车"的问题；

2）未安装悬挂装置的前支座，且未采取任何防止横梁侧翻和滑动的措施；

3）横梁外伸尺寸超出使用说明书的规定；

4）横梁之间的连接螺栓以小（M8）代大（M12），且用普通螺栓代替高强螺栓，违规安装；

5）悬挂装置吊点间距与平台吊点间距之差高达 0.65m，为横梁发生扭转提供了横向干扰力；

6）作业时严重超载，为横梁失稳折断提供了动力。

这是一起典型的多处违章安装造成的高处作业吊篮坠落事故。由此可见，无安全措施，直接把横梁担在女儿墙上具有多大的危险性。

4. 其他不规范的安装方式存在的潜在危险性

在施工现场还存在着形形色色的不规范的安装方式，都具有潜在的危险性，例如：

（1）加强钢丝绳张紧程度如果不符合产品使用说明书的规定，所存在的危险性。张紧过度可能造成横梁失稳被破坏，而张紧过松则降低了钢丝绳的加强作用，会使横梁受力过大，发生永久变形或断裂。

（2）配重悬挂装置安装后，如果横梁存在水平高度差，那么在悬吊荷载作用下，将产生水平分力。作用在悬挂装置上的水平分力过大时，会使悬挂装置发生水平移动，是一种不稳定因素。因此，需要控制横梁水平高度差，否则将产生较大的水平分力，使悬挂装置的稳定性遭到破坏，可能埋下事故隐患。因此标准规定限制横梁水平高度差应在可控范围内，而且规定只允许横梁前端略高于后端，是为了避免横梁受到朝向建（构）筑物外侧的水平分力。

（3）悬挂装置安装后，如果吊点水平间距与悬吊平台吊点间距的尺寸偏差过大，那么在悬吊平台上升到顶部时，将对悬挂装置的吊点产生很大的横向水平干扰力。在此水平干扰力的作用下，很可能使悬挂装置发生侧翻，引发事故。另规定，只允许悬挂装置吊点的水平间距略大于悬吊平台吊点间距，将有利于悬吊平台上升到顶部附近时，摆臂防倾式安全锁仍可以保持正常工作状态。

（4）配重悬挂装置安装后，如果前支座的上立柱和下支架的中心线未安装在同一铅垂线上，则在加强钢丝绳张紧后，作用在上立柱上的压力不能直接传递到下支架上，而在上立柱与下支架交错安装的横梁上产生剪力和弯矩，使横梁受力恶化。若超出横梁横截面的强度极限，横梁将遭到破坏，将引发事故。

（5）安全钢丝绳若与工作钢丝绳安装在同一悬挂点上，一旦悬挂点发生意外而失效，则安全钢丝绳就起不到安全保护作用，这是在许多事故中反复得到验证的。

（6）在安装时，若把安全绳固定高处作业吊篮的部件上，一旦被栓结的高处作业吊篮部件在事故中发生坠落，那么安全绳也将同时失去有效悬挂点。

（7）钢丝绳和安全绳都必须保证具有足够的安装长度，否则在悬吊平台下降至较低位置时，提升机脱出钢丝绳尾端或自锁器脱出安全绳，将发生平台坠落和人员坠落的危险性。

（8）安装后，必须在安全钢丝绳下端安装重量符合规定的重锤，使安全钢丝绳处于绷直状态。否则在工作钢丝绳失效时，未被绷直的安全钢丝绳是无法触发安全锁的，那么安全锁和安全钢丝绳将无法实现安全保护作用，这也是被许多事故案例所证实的。

（9）安装后的限位挡块，如果不能有效触发行程限位开关或极限限位行程开关，那么限位就是虚设，则无法实现安全保护作用。规定限位装置应与钢丝绳吊点之间保持安全距离，是防止万一失效，留给操作者一定的应急反应时间。

（10）高处作业吊篮标准规定的与高压输电线路保持的安全距离，比起重机械标准规定的安全距离更大的原因是，高处作业吊篮属于靠钢丝绳柔性约束的设备，在安装和使用过程中，在空中存在着很大的晃动量，因此要比刚性约束的起重机械具有更大的触电危险性，对此必须认真对待。

（11）相邻安装的高处作业吊篮，如果悬吊平台端部的水平间距太小，在交错升降时，就有可能发生剐蹭，若操作不当，很可能会发生事故。因此，应在安装时注意保留相邻平台之间的安全距离。

3.6.5　关于现场管理的危险源辨识

安装拆卸施工现场缺乏有效的安全管理，存在各类潜在的危险。

1. 不按规定进行个人安全防护的危险性

安拆人员不按规定佩戴安全带、安全帽、穿防滑鞋和紧身工作服等，存在因安全防护不到位，遭到人身被伤害危险。

例如，2009 年某公司在夜晚 10：00 左右加班进行安装施工。在安装高处作业吊篮的过程中，一名安装工（据了解入行不到 3

个月）未系安全带，不慎脚下踏空，导致从高空跌落，造成终身残疾。

2. 高处安拆作业存在坠物伤人的危险性

违章在楼层边沿堆放物料或物料堆放过高，容易发生人员被砸伤的危险；不将手持工具和零星物件放在工具包内或从高处向下抛撒物料或杂物，存在落物伤人的危险；未做好必要的防护措施，存在着意外事故的危险。

例如，2008 年，某租赁公司在安装高处作业吊篮过程中，因安装人员未按规定做好安全保护，在安装钢丝绳时不慎脱手，将钢丝绳坠落，导致一名路人当场死亡。

3. 安拆现场杂乱无章存在事故风险

安装与拆卸施工现场堆物堆料杂乱无章，很可能引发安全事故。

例如：2009 年 8 月 23 日，在某工地，三名工人在 32 层楼顶安装高处作业吊篮时，由于施工现场十分混乱，安装工周某在楼顶边沿处被杂乱放置在楼板上的钢丝绳绊了一下，当即从楼顶坠落，在慌乱中周某一把拽住钢丝绳，从高空坠落至一楼雨棚上，靠钢丝绳和雨棚的缓冲作用才奇迹般保住性命。

4. 安拆现场触及高压线造成严重事故

2006 年 5 月 27 日，在华北某市首旅华远写字楼，某清洁公司的工人从楼顶放钢丝绳准备安装高处作业吊篮清洗外墙玻璃。当钢丝绳从楼顶放下时被大风刮到 110kV 高压线路上，造成该线路跳闸。该事故造成附近变电站全站停电，影响了 57 家高压电用户、6900 多户居民的正常用电，直接经济损失十分巨大。

5. 安装后不经检查验收存在的事故隐患

高处作业吊篮安装完成后，可能会存在各种各样安装不规范或不到位的风险，因此，不仅需要由安装单位组织相关专业人员进行自检，而且需要委托专业检验单位进行全面检验和组织相关单位进行全面的安全质量验收。在施工现场，安装之后未经检验与验收，在使用阶段发生高处作业吊篮坠落，造成作业人员死亡的安全事故大量存在。

例如，2009年4月7日，在华北某专项改造工程项目施工现场，两名操作工在高处作业吊篮上进行外墙修补施工时，悬吊平台发生坠落，两人全部死亡。事故原因是，在安装后，未经检查验收便投入使用。未能发现一侧悬挂装置的后支架立柱的连接销轴未安装，从而导致悬吊平台倾翻。

为了杜绝或减少安装与拆卸过程的安全事故，为了避免因安装遗留的安全隐患造成高处作业吊篮使用的安全事故发生，安拆单位应当认真组织做好高处作业吊篮安装作业的前期准备工作；编制专业性和可操作性强的专项安装施工方案有效指导安拆作业；扎实地做好安装拆卸施工前的安全技术交底工作，对安拆人员提出具体的安全技术要求，引导安拆人员遵守安全操作规程，指导安拆人员识别各类危险源的方法，科学合理妥善地处理安装过程出现技术的问题；坚决贯彻执行安装后的自检、专业检查和验收的规定与程序；最终目的是有效避免或杜绝安全事故发生。

4 高处作业吊篮的使用与维修保养

4.1 高处作业吊篮的安全使用

4.1.1 高处作业吊篮操作人员的基本要求

1. 高处作业吊篮操作人员的属性

高处作业吊篮操作人员（以下简称吊篮操作工）是指在建筑施工现场进入高处作业吊篮从事高处操作的各类施工作业的人员，不包括高处作业吊篮安装拆卸工。

住房和城乡建设部颁发的关于印发《建筑施工特种作业人员管理规定》的通知（建质 [2008]75 号）文件规定，建筑架子工和高处作业吊篮安装拆卸工属于建筑特种作业人员。

根据人力资源和社会保障部、国家质量监督检验检疫总局、国家统计局联合颁布的《中华人民共和国职业分类大典》（人社部发〔2015〕76 号）文件规定，"高处作业吊篮操作工"属于编号为 6-23-05-01 的"架子工"职业，下分的四个工种（普通架子工、附着升降脚手架安装拆卸工、高处作业吊篮安装拆卸工、高处作业吊篮操作工）之一。

比照建筑架子工，高处作业吊篮操作工也应属于建筑特种作业工种。依照建筑施工特种作业人员必须经建设主管部门考核合格，取得建筑施工特种作业人员操作资格证书，方可上岗从事相应作业的规定，高处作业吊篮操作工也应接受专业安全技术培训，经考核合格，取得操作资格证书，方可上岗从事高处作业吊篮的操作。

2. 高处作业吊篮操作工的上岗条件

（1）年满 18 周岁，男 60 周岁以下、女 55 周岁以下。

（2）具有初中及以上学历或同等文化程度。

（3）身体健康，无癫痫、精神病、心脏病、高血压、突发性昏厥、色盲和恐高症等妨碍作业的疾病及生理缺陷。

（4）经专业安全技术培训、并考核合格，具有独立操作能力，持证上岗。

（5）酒后、过度疲劳、身体不适、服用不适应高处作业药物和情绪异常者不得上岗操作。

3. 高处作业吊篮操作工岗前安全教育

（1）岗前安全教育培训的主要对象及方式

1）所有准备进入悬吊平台进行施工作业的人员。

2）当班的设备维护修理人员。

3）以召开班前会议的形式进行安全教育培训。

4）由高处作业吊篮使用单位的技术负责人或专职安全员进行培训。

5）新安装的高处作业吊篮在首次操作前，应请设备产权单位的技术人员或设备管理人员进行培训。

（2）岗前安全教育培训的主要内容

1）安全防护用品的配备及使用要求。

参考本教材"使用前对安全防护用品的检查"的内容进行培训。

2）施工作业前的危险源辨识。

参考本教材"高处作业吊篮使用过程的危险源辨识"的内容进行培训。

（3）施工作业前的设备检查要点

1）确认悬挂装置的安装位置未被移动，配置齐全，固定良好。

2）悬吊平台无异常变形，连接处正常。

3）提升机起动、制动、手动滑降正常。

4）摆臂式安全锁锁绳角度符合产品使用说明书规定；离心式安全锁灵敏有效。

5）钢丝绳无超过报废标准规定的缺陷，表面无缠绕或粘结物，绳端固定正常，绳坠铁（重锤）悬挂符合规定。

6）电气按钮、开关及行程限位装置灵敏有效。

7）安全绳悬挂、绳端固定、转角保护及绳表面正常。

（4）高处作业吊篮使用的安全操作要求

参照本教材"高处作业吊篮使用安全操作规程"的内容进行培训。

（5）进行特殊作业时的安全操作须知

1）电焊作业

进入悬吊平台的所有人员均应穿绝缘鞋、戴绝缘手套；不得将悬吊平台或钢丝绳当作接地线使用；电焊机不得放置在悬吊平台内；在悬吊平台内不得放置易燃、易爆物品和杂物；在电焊作业周边和下方应采取防止火花引燃可燃物的有效遮挡措施；在电弧火花飞溅区域，应采取防止钢丝绳被灼伤的有效遮挡措施。

2）幕墙安装作业

不得将高处作业吊篮作为垂直运送幕墙材料的起重设备使用；应另行设置垂直运送幕墙材料的专用起重设备；在安装幕墙饰面前，应安排或明确指挥人员；在安装幕墙饰面时，悬吊平台与建（构）筑结构内的安装人员均应听从统一指挥；在发现危险时，任何人都有权发出紧急信号，其他作业人员应当及时防范；手持工具应采用短绳系牢或放在工具袋中，避免坠落伤人。

3）外墙涂装作业

在作业前，操作人员应按劳动保护安全规定佩戴劳保用品；在悬吊平台内不得放置易燃、易爆物品和杂物；作业区域严禁吸烟；在作业中，不得采用垫脚物或直接蹬踏平台护栏以增高作业高度；不得采用"荡秋千"或歪拉斜拽的方式涂刷作业盲区；在作业时，应避免涂料沾染钢丝绳或进入提升机和安全锁的进绳口，必要时应进行有效遮挡；作业后应及时清除高处作业吊篮各部积存或沾染的涂料。

4）重污染条件下作业

在进行喷涂作业或使用腐蚀性液体进行清洗作业等重污染条件下作业时，对提升机、安全锁、电气控制箱和悬吊平台等部位，应采取防污染的保护措施。

5）大型构件安装作业

作业前须制定专项安装作业方案，且通过专家论证／评估；在安装作业区域下方及地面设置警戒区；作业现场应指定专人进行统一指挥；应采用适当的起重机械进行吊装；高处作业吊篮仅作为安装人员接近作业位置的平台，不得受到任何其他的干扰力；发现危险时，任何人都有权发出紧急信号，其他作业人员应当及时防范。

6）紧急情况时的应急处置措施

参照本教材"高处作业吊篮紧急情况下的应急处置"的内容进行培训。

4.1.2　高处作业吊篮使用前的安全技术检查

1. 使用前对设备的安全技术检查

使用前应对全部高处作业吊篮进行编号并粘贴在悬吊平台上，做到清晰醒目。使用单位应组织操作工对设备逐台进行安全检查。使用前的设备安全检查方法及要求如下：

（1）检查安全锁锁绳状况

1）摆臂防倾斜式安全锁的检查方法

将悬吊平台上升到 1～2m 处停机，把万能转换开关扳至一侧，按下行按钮使悬吊平台倾斜，当悬吊平台倾斜至 4°～8° 时，安全锁即应锁住安全钢丝绳。

将悬吊平台低端上升至水平状态，使安全锁复位，安全钢丝绳在安全锁内处于自由状态。

按上述方法检查另一侧安全锁。

2）离心限速式安全锁的检查方法

托起重锤使安全钢丝绳处于自由悬垂状态，用手在安全锁上方快速抽动安全钢丝绳，安全锁应立即锁住安全钢丝绳，且不能自动复位。

扳动开锁手柄，使安全锁处于正常工作状态待用。

（2）检查悬吊平台上的零部件

1）提升机与悬吊平台的连接处应无异常磨损、腐蚀、表面裂缝、连接松脱、脱焊等现象。

2）安全锁与悬吊平台的连接处应无异常磨损、腐蚀、表面裂缝、连接松脱、脱焊等现象。

3）电控箱、电缆线、控制按钮、插头应完好无损；上限位及极限限位开关、手握式开关等应灵活可靠；无漏电现象。

（3）检查悬挂装置

1）各连接处应牢固、无破裂脱焊现象。

2）配重放置正常、无短缺、锁止完备。

3）安全钢丝绳与工作钢丝绳分别独立悬挂，且绳端固定正常。

4）钢丝绳表面无过度磨损、无粘结或缠绕物等异常现象（检查发现达到报废标准的钢丝绳必须及时更换）。

5）钢丝绳下端悬吊的重锤安装正常。

（4）通电检查

1）检查悬吊平台的运行状况，提升机应无异常声音和振动现象。

2）电磁制动器的制动灵敏、可靠、无异常。

（5）检查限位挡块

1）将悬吊平台上升到最高作业高度。

2）调整上限位开关摆臂的角度，使限位开关摆臂上的滚轮处于上限位挡块的控制范围内。

（6）空载试验

1）操作悬吊平台空载上下运行3～5次，每次行程3～5m。

2）全过程应升降平稳，提升机无异常声响，电机电磁制动器动作灵活、可靠。

3）各连接处无松动现象。

4）在运行中，按下"急停"按钮，悬吊平台应能立即停止运行。

5）在向上运行中，扳动限位开关的摆臂，悬吊平台应能停止向上运行。

（7）手动滑降检查

1）操作悬吊平台上升 3 ～ 5m 处停住。

2）取出提升机的手柄式拨杆，并将其旋（插）入电机风罩内的拨叉孔内。

3）由两人在平台两端同时向上抬起拨杆，悬吊平台应能平稳滑降，滑降速度应符合标准规定。

（8）额定载重量试验

1）在悬吊平台内均匀装载额定载重量。

2）操作悬吊平台上下运行 3 ～ 5 次，每次行程 3 ～ 5m。

3）在运行过程中应无异常声响；停止时无滑降现象。

4）平台发生倾斜时，自动调平装置应能及时动作，使平台保持基本水平的状态。

5）各紧固连接处应牢固，无松动现象。

2. 使用前对安全防护措施的检查

（1）检查进入施工现场的高处作业吊篮作业人员，应正确佩戴安全帽。

（2）检查进入悬吊平台的作业人员，应穿防滑鞋和紧身工作服，不得穿硬底鞋或拖鞋和宽松服装等。

（3）检查安全绳应设置在建（构）筑物主体结构上，与建（构）筑物接触部位需采取保护措施。

（4）安全绳和安全带应保持完好，无破损。

（5）检查进入悬吊平台，准备进行高处作业的操作工，应系牢安全带，且将安全带通过自锁器牢靠的连接在安全绳上。不得将安全带直接系在悬吊平台上。

（6）检查安全绳的数量应满足，每根安全绳最多供两人使用；当悬吊平台上的人数超过两人时，每人应配备一根安全绳进行防护。

（7）使用手持工具作业的，应将手持工具系上线绳与操作工的手臂相连。

（8）在作业中存在小工具或零件坠落风险的，操作工应配备工具包。

3. 使用前对作业条件的安全确认

（1）使用前对每台高处作业吊篮上的作业人员进行登记，并保持人员的稳定。

（2）查阅交接班记录，了解上一班的作业情况和设备状况；确认有无交办事项及设备遗留问题。

（3）确认环境温度在－10～55℃的范围内。

（4）确认施工现场电源的工作电压符合380V±5%的条件。

（5）确认作业场所的相对湿度不大于90%（25℃）。

（6）确认工作地点不超过海拔1000m。

（7）确认施工现场具有充足的照明条件，光照度应大于150lx。

（8）确认作业时的风速不大于8.3m/min（相当于五级风力）。

（9）在雨雪、雷暴、沙尘等恶劣气候条件时，应停止作业。

（10）确认与高压电间的安全距离不小于10m或采取了有效安全防护措施。

（11）确认与其他大型施工设备保持了不发生相互干涉的安全距离。

（12）确认在悬吊平台运行的通道内无任何障碍物。

（13）确认在有坠物伤人可能性场所施工的悬吊平台顶部设置了牢固的安全防护棚。

（14）确认在悬吊平台下方地面设置了有效警戒措施。

（15）确认在强粉尘、腐蚀、辐射等恶劣环境中，采取了有效的安全防护措施。

4.1.3　高处作业吊篮使用安全操作规程

1. 安全操作注意事项

（1）作业时应精神集中，不准做有碍操作安全的事情。

（2）尽量使荷载均匀分布在悬吊平台上，避免过度偏载。

（3）当电源电压偏差超过 ±5%，但未超过 10% 或工作地点超过海拔 1000m 时，应适地降低荷载使用，载重量应控制在额定载重量的 80% 以下使用。

（4）在运行过程中，悬吊平台发生明显倾斜时，应及时进行调平。

（5）在悬吊平台运行时，应注意观察运行范围内有无障碍物。

（6）电动机起动频率不大于 6 次/分，连续不间断工作时间不大于 30min。

（7）经常检查电动机和提升机表面的温度，当其温升超过 65K 时，应暂停使用提升机。

（8）在作业中，突遇大风或雷电雨雪时，应立即将悬吊平台降至地面，切断电源，绑牢平台，有效遮盖提升机、安全锁和电控箱后，方准离开设备。

（9）运行中发现设备异常（如异响、异味、过热等），应立即停车检查。故障不排除不准开车。

（10）发生故障，应请专业维修人员进行排除。安全锁应由制造厂商维修。

（11）在运行过程不得进行任何保养、调整和检修工作。

（12）停机后在现场进行保养、调整和检修时，需拉闸断电，且应在上一级电源配电处设置"禁止合闸"的警示标志，或派专人值守。

（13）电控箱内应保持清洁、无杂物，不得将工具或材料放入电控箱内。

（14）操作人员有权拒绝违章指挥和强令冒险作业。

2. 安全操作禁止事项

（1）在双吊点和多吊点悬吊平台上，禁止一人单独操作。

（2）操作人员应从地面或固定平台上进出悬吊平台。在未采取安全保护措施的情况下，禁止从窗口、楼顶等其他位置进出悬吊平台。

（3）禁止超载作业。

（4）禁止把高处作业吊篮作为垂直运输设备使用。

（5）禁止在悬吊平台内用梯子或其他垫脚物取得较高的工作位置。

（6）在悬吊平台内进行电焊作业时，严禁将悬吊平台或钢丝绳当作接地线使用，并应采取防电弧飞溅灼伤钢丝绳的有效措施。

（7）禁止在悬吊平台内猛烈晃动或做"荡来荡去"等危险动作。

（8）禁止歪拉斜拽悬吊平台。

（9）禁止固定安全锁开启手柄，或捆绑摆臂等人为使安全锁失效的行为。

（10）禁止在安全锁锁闭时，开动提升机下降。

（11）禁止在安全钢丝绳绷紧的情况下，硬性扳动安全锁的开锁手柄。

（12）悬吊平台向上运行时，禁止使用上行程限位开关停机。

（13）禁止在大雾、雷雨或冰雪等恶劣气候条件下进行作业。

（14）禁止在照明不足的场所进行作业。

（15）在提升机发生卡绳故障时，应立即停机。禁止反复按动升降按钮，强行排险。

3. 作业后的安全操作规程

（1）每班作业结束后，应将悬吊平台降至地面，放松工作钢丝绳，使安全锁摆臂处于松弛状态。

（2）切断电源，锁好电控箱。

（3）及时检查各部位安全技术状况。

（4）彻底清扫悬吊平台各部。

（5）妥善遮盖提升机、安全锁和电控箱。

（6）将悬吊平台停放平稳，必要时进行捆绑固定。

（7）认真填写交接班记录及设备履历书。

4.1.4 高处作业吊篮使用过程的危险源辨识

1. 作业前不进行班前检查存在的事故风险

高处作业吊篮在使用前，使用单位应组织使用人员对施工场地及待用设备进行全面检查，以确保使用安全。未经过严格班前检查，将存在原有安装状态被改变的潜在危险。例如：

（1）2003年6月16日，在某施工现场，悬挂装置上原有的32块配重被人搬动，只剩下4块，由于作业人员未按安全操作规程做班前检查，没有及时发现此危险源，结果在更换一块中空玻璃时，一侧悬挂装置翻出楼顶，致使三人从60m高处坠落当场全部死亡。

图4-1　事故现场

（2）2004年10月9日，在东南沿海地区某酒店工地上，正在施工中的悬吊平台突然失衡，一人抱住平台护栏被救上了楼顶，受轻伤；另一人从高空坠地，不幸身亡（见图4-1）。事故原因：由于一侧悬挂装置后支座立柱上的两条连接螺栓不翼而飞，作业人员在操作前未作检查。当两人开动平台升到十余米高处时，一侧的悬挂装置被拔出，造成平台倾斜。作业人员未遵守安全操作规程，没设安全绳，未系安全带，导致在平台倾斜时坠地身亡。

2. 未经培训上岗操作存在的事故风险

作业人员未经过安全技术培训或未接受安全技术交底，存在误操作、盲目操作或违章操作的危险性。例如：

（1）2011年11月，在华东某施工现场，一名进城不足十天的农民工独自一人操作高处作业吊篮给幕墙打胶作业，当钢丝绳在提升机内被卡住时，由于未经过任何安全技术培训，不懂操作要领，反复上下按动按钮，企图解脱故障状态，但事与愿违，钢丝绳被拉断，平台突然向一侧大角度倾斜，该民工倒在平台底板上并滑出平台端部坠地身亡。

（2）2003年7月14日，在华中地区某施工现场，操作工黄某、廖某无证操作高处作业吊篮施工。当平台升至8层楼时，竟然停不住车。二人惊慌失措，致使平台失控冲向顶部，拉断钢丝绳，平台坠落。两人从30多米的高空坠到楼底，当场死亡。事故原因就是，应急操作不当，在平台上升失控的情况下，操作工若能及时按下急停按钮或关闭总电源开关，即可避免事故发生。

3. 违章操作引发安全事故的风险

安全操作规程是用鲜血甚至生命作代价总结出来的科学结晶。操作人员违反任何一项安全操作规程，都存在着直接引发施工安全事故的危险性。在使用高处作业吊篮时，不按规定设置安全绳，或安全绳的绳端固定不牢，存在着丧失最后一道安全保护措施的危险性；不系安全带或安全带的自锁器未正确扣牢在安全绳上，也存在丧失保全人员生命的危险性等。例如：

（1）2000 年 3 月 24 日，在东北地区某大厦，悬吊平台一侧钢丝绳突然断裂，致使平台大角度倾斜，四名操作工均未系安全带，坠落后三死一重伤。

（2）2003 年 1 月 5 日，在某开发区施工现场，两名操作工在平台倾翻时，一人掉至地面死亡，另一人因系安全带保住性命。

（3）2003 年 6 月 15 日，在东北地区某地黄金广场的工程施工中，两名操作工乘高处作业吊篮在约 10m 高的外墙作业时，一侧钢丝绳脱落，因没系安全带，双双坠地身亡。

多年来，数百起高处作业吊篮事故案例验证，在悬吊平台发生倾斜时，凡是系安全带的都能保命；当悬吊平台发生坠落时，凡是设置安全绳并系好安全带的人都能幸免。

4. 来自施工现场环境因素的危险源

施工现场环境因素的危险源，主要来自于高处作业吊篮与周边高压电或其他运行设备之间的距离、天气条件、垂直交叉作业等因素。

（1）高处作业吊篮与周边高压电之间的距离如果小于规定的安全距离，且无防护措施，则存在触电的危险性。

例如，2009 年 11 月 18 日，在华南地区某地一栋大楼施工时，由于悬吊平台被在大风吹得发生严重晃动，触碰到 10kV 高压线，导致附近地区大面积停电，甚至影响到公安消防等重点单位的正常工作。

（2）高处作业吊篮与周边其他运行设备之间缺少足够的安全距离，存在着机械碰撞或剐蹭等危险。

例如，2008 年，在某市高新技术核心区，高处作业吊篮正在繁华街道一侧大厦的外墙进行施工时，悬吊平台被架设在附近的塔吊剐蹭，造成平台上的作业人员坠地伤亡的事故。

（3）在作业区域下方未按规定设置警戒线或警示标志，存在坠物伤人的危险。

例如，2005 年 3 月 1 日，在某建设工地由于没有设置警示标志，发生高处作业吊篮坠落事故，不仅高处作业吊篮内的两名操作人员一死一伤，而且一名正在地面搞绿化的工人被坠落的悬吊平台砸死，发生了不应该发生的连带事故。

（4）多工种立体交叉作业，缺少有效隔离封闭措施，存在着坠物伤人的危险。

例如，2004 年 9 月，在东北地区某工地，悬吊平台一端突然坠地，三名作业工人随平台一起坠地受伤；坠地的平台砸中下方正在装修作业的一名工人，经抢救无效死亡。

（5）在恶劣的天气或条件下作业，如遇雷雨、大风、冰雪等极端天气时，应该及时停止作业，否则存在发生意外事故的危险；在光线昏暗处或夜间进行高处作业吊篮作业，难以发现和避免潜在危险的发生；在超出标准规定的环境温度条件下进行施工作业，也容易因人员不适应而发生意外事故；在施工过程中突遇断电，若操作不当也极易引发事故；在高处作业吊篮运行通道内存在凸起障碍物，也有可能引发事故。

例如，2011 年 11 月 24 日，在华北某市，当高处作业吊篮由地面上升至 12 层时，悬吊平台挂到墙面外檐凸起处，操作者毫无察觉，直至钢丝绳被拉断，平台坠落，二人坠地身亡。可见，对施工现场环境条件的危险源缺乏足够的重视，将存在引发高处作业吊篮施工安全事故的重大潜在危险性。

5. 来自设备自身的危险源

如果对高处作业吊篮设备及其部件、配套件处置不当，也有可能成为影响施工安全的危险源。

（1）使用不合格的吊篮产品或非正规厂家生产的劣质吊篮，

具有极大的潜在危险。

（2）安全锁是高处作业吊篮最重要的安全保护装置，超过标定期限的安全锁是一个重要的危险源。使用未经班前试验或被人为捆绑失效的安全锁，则存在丧失安全保障作用的危险性。

例如，2011年8月17日，某工地由于安全锁被人用焊条固定了摆臂，在平台发生倾斜时安全锁失去防坠保护功能，致使两名工人坠落，一死一重伤。

（3）钢丝绳是高处作业吊篮用于承载与导向的重要配套件，也是高处作业吊篮使用过程的重要危险源。经对高处作业吊篮安全事故原因的分析统计，因钢丝绳破断所引发的高处作业吊篮事故占比高达三分之一以上。因此，必须认真对待，加强日常对钢丝绳的检查工作，发现超过报废标准的钢丝绳，应当及时予以更换，绝不能存在侥幸心理。

例如，2005年3月，在某市航天大厦主楼施工中，因高处作业吊篮一侧钢丝绳破断，造成三死一重伤的安全事故。当天上班前，工人在检查时已经发现一根工作钢丝绳局部破损严重，但考虑到距离工程完工只剩三、四天了，打算完工后再报废，结果发生了较大伤亡事故。

（4）制动器是使提升机制动停止的重要部件，其失效后将造成提升机打滑甚至坠落。为了防止引发事故，应由专业维修人员定期检查调整制动器的制动间隙及制动性能；高处作业吊篮操作者在每班首次操作悬吊平台上升时，应认真试验制动器的制动性能，发现制动器出现打滑迹象，必须及时请专业维修人员进行解决，故障未排除不得使用设备。

（5）手动滑降装置是《高处作业吊篮》GB/T 19155—2017规定必须设置的安全装置。其功能是在断电或发生故障时，能使悬吊平台平稳下降。如其失效会造成在紧急情况下，平台上的操作人员无法及时安全撤离，甚至因其无法有效控制滑降速度，将造成平台超速下滑或坠落。因此，需要高处作业吊篮操作工在每班首次操作悬吊平台上升到离地2m左右时，做一次手动滑降试验，以检验并确认其有效性；发现问题应及时排除。

（6）《高处作业吊篮》GB/T 19155—2017规定，必须设置上行程限位装置和上极限限位装置，以防止因电气控制失灵或失效，造成悬吊平台发生冲顶的事故。目前，在施工现场存在着普遍不重视上限位装置的现象，限位开关损坏、缺失严重。在实际使用过程中，曾经发生过多起因上限位装置失效，引发平台冲顶的恶性事故发生，必须引以为戒。

（7）电器元件失效也是高处作业吊篮使用过程中的危险源之一。例如，按钮失灵或接触器触点粘连，造成平台运行无法停止；急停按钮失效，造成在紧急情况发生时无法及时切断电源；热继电器失效，造成电动机过热烧毁；漏电保护器失效，造成人员触电事故发生；相序保护器失效，造成行程限位装置全部失效等。应该加强对设备的检查、维护保养，及时发现并且排除故障隐患，才能有效杜绝或减少相关事故的发生。

4.2 高处作业吊篮的维护与保养

4.2.1 高处作业吊篮的日常维护与保养

1. 提升机和安全锁的日常维保

（1）及时清除表面污物，避免进绳口、出绳口混入杂物，损伤机内零件。

（2）按产品说明书规定的类型、牌号的润滑剂对规定的部位进行有效润滑。

（3）作业前进行空载试运行，检查有无异常情况。

（4）在运行中发现异响、异味或异常高温，立即停机检修。

（5）作业后进行妥善遮盖，避免雨水、杂物等侵入机体。

（6）在拆装、运输和使用中避免发生碰撞损伤机壳。

（7）每班使用后，应将悬吊平台降至地面，放松工作钢丝绳，使安全锁摆臂处于松弛状态。

2. 悬挂装置、悬吊平台和电控箱外壳等结构件的日常维保

（1）作业前检查并且紧固销轴和螺栓等紧固件；检查构件变形、裂纹及局部损伤是否超标。

（2）作业后及时清理表面污物，在清理时要注意保护表面漆层。

（3）发现漆层被破坏，应及时补漆，避免锈蚀。

（4）在拆装和运输中，应轻拿轻放，切忌野蛮操作。

（5）露天存放要做好防雨措施，避免雨水进入提升机、安全锁和电控箱。

3. 钢丝绳的日常维保

（1）及时清除表面粘附的涂料、水泥、胶粘剂或堵缝剂等污物。

（2）作业前检查钢丝绳表面断丝、磨损或局部缺陷是否达到报废标准。

（3）检查绳端固定情况。发现绳端固定接头附近出现疲劳破坏或硬伤时，应及时截断，并重新按规定进行绳端固定。

（4）发现断丝应及时将其插入绳芯部，并且作好记录。当断丝达标时，应立即更换钢丝绳。

4. 电气系统的日常维保

（1）电控箱内要保持清洁无杂物。

（2）作业前检查接头、插头有无松动现象。

（3）作业中避免电控箱、限位开关和电缆线受外力冲击。

（4）遇电气故障应及时排除。

（5）作业完毕，及时拉闸断电，锁好电控箱门，并且妥善遮盖电控箱。

4.2.2　高处作业吊篮的维护与保养制度

1. 一级保养

一级保养通常也称为日常保养。

日常保养由高处作业吊篮操作工执行。

日常保养的重点工作是清洁和检查。

（1）日常清洁的内容

每班在作业前，应及时清除钢丝绳上附着或缠绕的污物；及时清除悬吊平台、提升机、安全锁、电控箱表面的涂料和污物。

（2）日常检查的内容

日常检查内容见表4-1。

高处作业吊篮日常检查表 表4-1

序号	检查部位	检查项目
1	悬挂装置	定位可靠，安装位置未移动
		配重无失缺、破损，固定正确
		销轴、紧固件齐全，连接可靠
2	钢丝绳	与悬挂装置连接牢固，绳端固定无松动
		无松股、毛刺、断丝、压痕、锈蚀
		无附着砂浆、涂料等杂物
		限位止挡及下端重锤齐全、完好，无松动
3	悬吊平台	焊缝无开裂，销轴、螺栓紧固，结构件无变形
		底板、挡板和护栏牢固，无破损
4	提升机	油量充足，润滑良好，无渗、漏现象
		与悬吊平台连接牢固
		手动滑降有效
5	安全锁	穿绳性能良好
		手动锁绳有效
6	电气系统	接零可靠，漏电保护有效，作业人员穿防滑绝缘鞋
		通信正常
		电线、电缆无破损，有保护措施
7	安全带 安全绳	无磨损、腐蚀、断裂
		金属配件完好
		连接符合要求
8	空载运行试验	操作按钮动作灵敏、正常
		上限位有效
		提升机起动、制动正常，运行平稳
		安全锁手动锁绳正常
		整机无异响及其他异常情况

（3）日常检查的规定

1）每班作业前，由操作人员按表4-1规定的内容逐项进行检查。

2）检查中发现异常情况应及时解决；对需要专业人员修理的故障，应及时汇报主管领导，设备不得带病作业。

3）检查后，由操作人员逐台如实填写"高处作业吊篮日常检查表"。

4）填表后，由操作人员签字，并交主管领导审批签字后方可上机操作。

2. 二级保养（定期检修）

二级保养也称定期检修。

定期检修应由专业维修人员进行。

（1）定期检修的内容

除日常检查内容外，定期检修的重点应按表 4-2 规定的内容进行检查。

高处作业吊篮定期检修检查表 表 4-2

序号	部位	检查项目
1	电气控制系统	电缆线无损伤
		电缆线固定良好
		各电器元件无破损、失灵
		继电器、接触器触点无烧蚀
		限位装置灵活、可靠完好
		操作按钮灵活、可靠、完好
		绝缘、接地、接零电阻符合规定
2	悬挂机构	构件无变形、腐蚀
		焊缝无开裂
		销轴、紧固件无松动
3	钢丝绳	无断丝、断股、磨损
		钢丝绳夹无松动
4	安全绳 安全带	固定端及与墙角接触处应无磨损
		无断丝、断股、磨损
5	安全锁	转动部位润滑良好，适量注油
		弹簧复位力正常
		手柄动作灵活、正常
		滚轮转动灵活、无磨损
6	提升机	无渗、漏油
		进、出绳口磨损正常
		无异常噪声
		手动滑降性能良好
		制动良好、摩擦盘磨损正常
7	悬吊平台	构件变形、腐蚀
		焊缝开裂、裂纹
		销轴、紧固件无松动

（2）定期检修的规定

1）定期检修期限

① 连续施工作业的高处作业吊篮，视作业频繁程度每 1～2 月应进行定期检修。

② 间歇施工作业的高处作业吊篮，累计运行 300h 应进行定期检修。

③ 停用一个月以上的高处作业吊篮，在使用前应进行定期检修。

④ 完成一工程项目，高处作业吊篮拆卸后，应进行定期检修。

2）专业维修人员对检查中发现的问题，应逐条记录并制定维修方案，经主管领导批准后由专业维修人员进行维修保养。

3）检修后，由专业维修人员逐台如实填写"高处作业吊篮定期检修检查表"。

4）填表后，由专业检修人员签字，并交主管领导审批签字后，分类入库保管。

3. 三级保养（定期大修）

三级保养也称定期大修。

定期大修期限为使用期满一年的高处作业吊篮，或累计工作 300 台班的高处作业吊篮。

定期大修应由专业厂家进行。

定期大修项目内容，除按定期检修项目进行检修外，重点项目如下：

（1）提升机和安全锁

1）解体清洗，更换易损件。

2）检测齿轮、蜗轮副、绳轮、箱体等关键主要件的轴／孔尺寸、磨损、变形和裂纹情况。

3）修复可修复的零件，更换不可修复的零件。

4）按产品使用说明书规定，加注或更换润滑剂。

5）重新组装后，按产品出厂要求进行全面的性能检验和标定。

6）检验合格后，由修理方开具设备大修合格证。

（2）悬挂装置和悬吊平台等结构件

1）磨损、腐蚀超过标准规定的应更换。

2）校正或补焊可修复的构件。

3）无法修复的构件应更换。

4）检验并修复后，应重新涂漆。

（3）电气控制系统

1）修复、更换电气控制系统失效的电器元件。

2）检查各电缆线绝缘层应无破损或老化，否则应更换。

3）检查各电线接头的连接情况，必要时进行重新整理或接线。

（4）钢丝绳和安全绳

1）逐段检查，对断丝、磨损、变形、松股等超标的应予以更换。

2）检查绳头固定端，对变形严重的应去除受损段后重新固定。

5　高处作业吊篮事故案例分析

5.1　由设备质量引发的高处作业吊篮安全事故

5.1.1　悬吊平台强度不足致人坠落的事故案例

1. 事故经过

2008年10月8日在西北地区某市的一幢高层建筑施工现场，两名外墙施工人员在高处作业吊篮上进行施工。突然，悬吊平台从中间部位断开。一名工人慌乱中抓住了平台护栏逃过一劫；另一名工人却从底板的断开之处坠下楼去，当场死亡。

2. 事故原因

如图5-1（a）所示，焊接悬吊平台结构所使用的钢管和底板材厚度，均不到正规企业产品用材壁厚尺寸的二分之一，属于典型的劣质吊篮。在使用过程中载料稍微集中一些（并未超载），就使平台结构从中间断开，与此同时，一侧脚踏板大面积破裂，将站在上面的工人漏出平台，坠地身亡。

（a）　　　　　　　　　　（b）

图5-1　结构强度不足
（a）悬吊平台端折断；（b）安装架折断

5.1.2 安装架强度不足致人坠落的事故案例

1. 事故经过

如图5-1（*b*）所示，2007年8月17日在华东地区某市农副产品综合市场工地上，五名工人正在一台高空作业吊篮上作业。因减速蜗轮的齿部被磨平，造成一侧提升机失效，连带悬吊平台一侧猛然下落。另一侧提升机安装架破断，造成悬吊平台从高空坠落到地面上。四名作业工人被摔成重伤、一人不幸死亡。

事后发现，在平台一端急剧下滑时，在冲击力作用下，另一端提升机安装架被撕裂，造成平台坠落。从撕裂部位材料分析，生产厂家使用材料存在安全隐患。

2. 事故原因：

（1）日常维保不到位，未能及时发现蜗轮已经严重损坏的故障隐患。

（2）安全锁失效，未能发挥防坠保护功能。

（3）安装架壁厚尺寸太薄（40×60的矩形方管，壁厚不足2mm），强度不足。

（4）存在设计缺陷，安装架在螺栓连接的应力集中处未设置加强板，导致安装架首先从螺栓孔处被撕裂，致使平台坠落。

5.1.3 关键件破断致人坠落的事故案例

1. 事故经过

2010年西南地区某高处作业吊篮制造企业，兼有租赁安装业务。一台高处作业吊篮租赁到施工现场使用过程中，因提升机的减速蜗杆发生破断，导致提升机失效，致使悬吊平台倾翻。平台内的二名施工人员未系安全带，从13楼高处被抛出，坠落到地面，当场死亡。

2. 事故原因

（1）关键主要零件蜗杆存在质量缺陷，在使用中发生破断，致使提升机失效，发生坠落。

（2）安全锁在关键时刻未能发挥防坠保护功能。

（3）作业人员未系安全带违章作业。

5.2 由安装问题引发的高处作业吊篮安全事故

5.2.1 违规安装埋下隐患引发的事故案例

1. 多项违章安装造成的伤亡事故

（1）事故经过

2000 年 11 月 13 日在华北地区某住宅小区，正在进行外墙粉刷作业的一台高处作业吊篮上，三名操作工在 10 层楼高处进行外墙粉刷作业。由于左侧有一片盲区无法正常粉刷，于是两名操作工采用"荡秋千"的方式晃动悬吊平台，由另一名操作工进行粉刷。在平台剧烈晃动下，架设在女儿墙外侧挑檐处的一组悬挂装置的前支座发生侧翻，带动横梁甩开放置在后支座上的配重铁。失去配重平衡的悬挂装置当即翻出女儿墙，致使悬吊平台倾翻，并且带动另一侧悬挂装置一同坠落到一层裙楼顶部，另一组悬挂装置则翻落到楼前小花园中，造成在平台上作业的三名操作工一人死亡，二人重伤。

（2）事故原因

1）安装时，将悬挂装置的前支座安装在女儿墙外的挑檐外侧，未采取任何加固、稳定措施，为前支座翻倒埋下隐患。

2）前支座超过极限高度勉强安装，增加了悬挂装置的不稳定性。

3）悬挂装置的横梁与前支座连接处的 4 条螺栓，只安装了两条，降低了悬挂装置的整体连接强度。

4）配重未与后支座进行连接，为悬挂装置翻出女儿墙埋下隐患。

5）操作人员在悬吊平台上采用"荡秋千"的方式违章操作，使悬吊平台横向晃动，为事故点燃了导火索。

6）在平台横向扰动力的作用下，处于非稳定状态的前支座首先翻倒，然后带动横梁和后支座移位；在甩掉未固定的配重之后，悬挂装置翻出女儿墙坠落，完成了事故的全过程。

2. 悬挂装置横梁超标安装引发的事故

（1）事故经过

2007年11月在华北地区某商城南侧，一台正在30多米高空施工的高处作业吊篮，一侧悬挂装置前梁突然弯曲，致使悬吊平台严重倾斜。在平台上作业的四名工人因系有安全绳，才没有发生意外。事发40min后，救援人员将四名工人营救出高处作业吊篮。

（2）事故原因

1）由于该建筑物外部结构不规则，在安装时，悬挂装置横梁的外伸长度超过产品使用说明书规定的极限尺寸。

2）超过产品使用说明书进行安装，未进行计算及专家评估，即投入使用。

3）超标安装造成横梁强度不足，满载运行时横梁突然发生弯曲，险些酿成大祸。

3. 特殊结构随意安装造成的伤亡事故

（1）事故经过

2011年9月18日在华北地区某县麻纺厂，一台悬挂装置直接安装在斜坡屋顶上。高处作业吊篮从高空坠落，造成三名正在进行粉刷作业的工人坠地，结果二死一伤。

（2）事故原因

1）悬挂装置安装在倾斜的屋顶之上，未采取任何防止其滑动的安全措施。

2）配重未进行有效固定。

3）悬挂装置吊点间距与平台悬吊间距相差过大。

4）未按规定安装上行程限位挡块。

5）特制悬挂装置的安装既无专项施工方案，又有无专家论证把关。

6）当悬吊平台超高运行至悬挂点附近时，在吊点间距离差的作用下，钢丝绳对悬挂装置产生很大的水平分力，导致配重脱落，引发悬挂装置整体倾覆。

4. 组织无证人员自行安装造成的伤亡事故

（1）事故经过

2013年6月3日在东北某港区储罐外壁从事焊接保温层固定架的高处作业吊篮坠落地面，造成二人死亡、一人二级重伤。项目经理周某为节省开支，自行组织无证工人进行安装，并且安排未经培训的三名工人上篮操作，在悬吊平台上升到离地面约15m处时，钢丝绳断裂，致使平台坠落地面。

（2）事故原因：

1）项目负责人违章指挥无证人员进行高处作业吊篮的安装作业。

2）不懂安全操作规程和操作规定的无证人员违规将承重钢丝绳中间部位对接。

3）在使用中，对接的钢丝绳在接头处相互切割造成断股，最终被割断发生事故。

5.2.2 安装不到位埋下隐患的事故案例

1. 未穿开口销引发的死亡事故

（1）事故经过

2009年12月28日在华北地区某市发生一起高处作业吊篮坠落事故，造成一人死亡。

（2）事故原因

1）把安全钢丝绳与工作钢丝绳安装在同一悬挂点上，违反了国家标准《高处作业吊篮》GB 19155—2003规定。

注：该标准现已修订为GB/T 19155—2017。

2）在悬挂钢丝绳的销轴端部未按规定穿入开口销。

3）在使用过程中，未穿开口销的销轴脱落，同一悬挂点上的二根钢丝绳同时坠落，安全锁无法实施保护作用。

2. 钢丝绳绳夹安装问题引发的伤害事故

（1）案例1

事故经过：

2006 年 7 月 18 日在西北地区某市建设工地，二名粉刷工人进行高空作业时，悬挂高处作业吊篮的钢丝绳滑脱，造成悬吊平台倾斜，二人从五层楼高的空中摔到地面，送往医院抢救无效死亡。

事故原因：

1）在安装时，未按标准规定安装足够数量的钢丝绳夹。

2）仅有的钢丝绳夹也未夹紧，造成平台负重后钢丝绳被抽出。

（2）案例 2

事故经过：

2008 年 10 月 5 日在东北地区某工地，施工现场正在进行外墙瓷砖勾缝作业，施工人员吴某从 9 层窗口进入高处作业吊篮的悬吊平台时，右侧固定钢丝绳的绳夹突然脱落，导致平台倾斜。操作工吴某未系安全带，坠落地面当场死亡。

事故原因：

1）在安装时，每根钢丝绳的绳端仅用两个绳夹，不符合至少使用三个绳夹固定钢丝绳的规定。

2）安装后未经过检查验收便投入使用。

3. 钢丝绳安装长度不够引发的伤害事故

（1）事故经过

2009 年在某地施工现场，一高处作业吊篮在下降至地面附近时，一侧悬吊平台突然失控倾翻，所幸离地高度不大，只造成平台上的操作人员受了轻伤。

（2）事故原因

1）安装的钢丝绳长度不够，其尾部距离地面还差 5m 左右。

2）安装后未经检查验收，失去纠正安装隐患问题的机会。

4. 安全绳安装长度不够致使人员坠落的伤亡事故

（1）事故经过

2011 年 11 月 26 日在华东地区某施工现场，一名进城不满一个月的农民工，未经过任何专业培训，就独自一人操作高处作业吊篮给幕墙进行打胶作业。中午他准备到地面吃饭，当悬吊平台下降到离地面约 7、8m 时，一侧钢丝绳在提升机内被卡住。在慌乱中，该农民工反复上下按动按钮，企图解脱故障状态。事与愿违，钢丝绳被拉断，平台突然向一侧倾斜。该民工倒在平台底板上，滑出平台端部，坠地身亡。

（2）事故原因

1）安装的安全绳长度不够，其尾部距离地面还差 10 多米。

2）设备使用者未经培训，错误操作引发事故。

3）安全绳安装不规范，未能起到人身安全保护作用。

5.2.3　因配重安装问题造成悬挂装置坠落的事故案例

1. 配重未进行有效固定造成的伤亡事故

（1）案例 1

事故经过：

2002 年 10 月 17 日在华东地区某幕墙工程施工现场，作业人员违章斜拉悬吊平台进行安装作业。巨大的水平扰动力，使悬挂装置产生晃动，致使配重脱落，引发悬挂装置和悬吊平台坠落，造成三名作业人员从 60 多米高处坠落身亡。

事故原因：

1）在移位安装后，未将配重有效地固定在后支座上。

2）违反作业时不得歪拉斜拽的安全操作规程，导致悬挂装置倾覆事故。

（2）案例 2

事故经过：

2012 年 5 月 21 日在某市一居民楼，小区物业雇来粉刷楼体的一高处作业吊篮从八层附近坠地，一名工人身亡，一住户阳台被砸毁，另一人被安全绳挂在空中被救。

事故原因：

1）安装单位无资质，安装人员无特种作业操作证书，属于无证安装。

2）在安装时，配重不符合规定要求，且未进行有效固定。

3）导致在使用过程中，悬吊平台和悬挂装置整体坠落。

（3）案例3

事故经过：

2011年4月19日在西北地区某在建高层施工现场，2名施工人员使用高处作业吊篮，对22层外墙作保温及涂料施工作业时，悬吊平台倾覆导致事故发生。

事故原因：

1）安装时，配重未与悬挂装置有效固定在一起。

2）使用时，悬挂装置与配重发生了分离，导致悬吊平台倾覆。

2. 配重不符合标准规定造成的伤害事故

（1）案例1

事故经过：

2016年12月在华中地区某县，一工地6号楼外墙抹灰施工作业至18层时，一台高处作业吊篮东侧的悬挂装置发生倾覆，造成三名作业人员坠落死亡。

现场勘查发现，东侧悬挂装置前梁伸出长度约为2.2m，前后支座距离为3.4m（经计算，悬挂装置的抗倾覆系数仅有1.184，远小于标准规定的2倍）；横梁前端直接放在女儿墙顶部；横梁后端采用二个装粗砂的铁皮桶当做配重。施工作业时，悬吊平台内放置了两只盛砂浆的铁皮桶，处于超载状态；在平台上作业的三名操作工均未使用安全带。

事故原因：

1）采用散状物作为配重且无质量标记。

2）配重未进行固定。

3）悬挂装置前横梁直接放置在女儿墙上，未采取防止倾翻和滑移的措施。

4）横梁外伸长度超出产品使用说明书规定安装，且抗倾覆系数不符合国家标准规定。

5）超载使用设备。

6）作业人员未系安全带，未使用安全绳，多处严重违章造成事故发生。

（2）案例 2

事故经过：

2016 年 4 月 6 日在西北某市一老旧小区，二个人开动高处作业吊篮下降。突然一声巨响，悬吊平台拖拽着悬挂装置及配重一同掉在小区的院子中间，砸断了一棵树、砸毁了一个健身器材。在平台上工作的两名工人也一同掉了下去，一人轻伤、一人重伤。

事故原因：

1）设备破旧不堪，一些关键部位的螺丝也有松动。

2）竟然用建筑垃圾和石块等作为配重，为事故发生埋下祸根。

3）安全绳连在屋顶一处铁架上，并未固定牢靠。

4）在平台下降过程中，配重散落，导致悬挂装置失去平衡翻出楼顶，造成平台倾翻。

5.3　由操作问题引发的高处作业吊篮安全事故

5.3.1　由违章操作引发的事故案例

1. 超载引发的平台坠落伤人的事故

（1）事故经过

1998 年 9 月 25 日在华北地区某施工现场，某装饰公司安排二名工人使用 ZLP 350 型高处作业吊篮从一层往六层运送花岗岩石板。当载有五块石板的悬吊平台上升到第三层时，一侧钢丝绳突然破断，致使悬吊平台一端坠落，平台中的二名工人，一人系了安全带受到轻伤，另一人未系安全带摔到地面受到重伤。

（2）事故原因

1）主要是超载，悬吊平台载有五块石板和两名操作工人，总重量达到 480kg，超过额定载重量 130kg。

2）其次是使用磨损超标的钢丝绳，未及时更换，从而引发这起断绳事故。

2. 操作时精神不集中致使平台坠落的事故

（1）事故经过

1998 年 8 月在华北地区某显像管厂施工现场，二名工人背向作业面，边聊天边操作悬吊平台上升。当平台升至第七层时，被突出墙面的阳台挂住，操作人员却毫无知觉，继续操作平台上升，在提升机的牵引下，屋顶的悬挂装置被拽了下来，造成机毁人亡的恶性事故。

（2）事故原因

主要是操作人员违反"在操作高处作业吊篮时必须精神集中"的安全操作规程所造成的。

3. 违章进出悬吊平台造成高处坠落的事故

（1）案例 1

2001 年 1 月 11 日在华北某地，一名工人由 11 层窗口爬进悬吊平台时，不慎坠地身亡。

（2）案例 2

2005 年 3 月 21 日在华北地区某金融街工地，工人张某在悬吊平台内进行打孔作业后，直接从悬吊平台跨进五楼窗台时，不慎坠落至地面，经抢救无效死亡。

（3）案例 3

2005 年 11 月 4 日在某外墙施工现场，作业人员张某在位于 12 层楼的悬吊平台上使用砂纸打磨外墙面。上午八点左右，张某违章从平台向 12 层的阳台跨越，不慎坠落至五层天台死亡。

在上述事故案例中，坠地伤亡者全部违反了"操作人员必须从地面进出悬吊平台。在未采取安全保护措施的情况下，禁止从窗口、楼顶等其他位置进出悬吊平台"的安全操作规程。

4. 人为使安全锁失效导致平台坠落的事故

（1）事故经过

2005 年 10 月 12 日在东北地区某市北站附近一在建大厦工地，某幕墙公司的五名工人正在安装玻璃。一侧钢丝绳突然破断，平台一端悬空，三人由平台中被甩出，从大厦 27、28 层高处坠地身亡，另二人悬在平台内被救出。

（2）事故原因

1）工作钢丝绳早已超过报废标准，其局部已严重变形，导致被提升机挤断。

2）最致命的是，安全锁被人为捆住，在关键时刻丧失安全保护作用。

3）操作工未系安全带，未用安全绳。

5. 歪拉斜挂致使平台坠落的事故

（1）案例 1

2002 年 10 月 17 日在华东地区某大厦幕墙工程施工现场，在安装幕墙玻璃时，由于悬吊平台的位置距玻璃的安装中心位置的水平距离还差 3m。操作人员采用斜拉平台的方式强行安装，导致平台坠落，三名作业人员全部坠地死亡。

事故原因：在使用中，歪拉斜拽造成悬挂装置晃动，致使未固定的配重块脱落，引发悬挂机构整体翻出屋顶。

（2）案例 2

2008 年 10 月在华北地区某市华贸中心大厦，施工人员在吊船上进行外墙灯箱广告的更换工作，在距地面 160 多米的高度作业时，采用手拉葫芦进行横向拉拽，造成吊船突然坠落，三名工人当场全部死亡。

事故原因：在使用中歪拉斜挂，造成悬挂装置被拔出翻出屋顶。

5.3.2 由误操作造成的事故案例

1. 缺乏应急操作常识造成坠落致伤

（1）事故经过

2008 年 4 月 10 日在华东地区某工地，民工叶某乘高处作业吊篮上四楼粉刷内墙。当悬吊平台升到四楼时，开关失灵，不能停机，平台继续向上升。升到五楼时，叶某慌了，想赶快离开悬吊平台。于是急忙向五楼的楼板跳去。由于雨天楼板湿滑,叶某当即摔了下来,不幸头先着地,没戴安全帽的叶某当即不省人事,伤势严重。

(2)事故原因

1)电控系统的上升接触器触点粘连,致使电动机无法断电。

2)叶某缺乏应急操作常识(此时只需按下急停按钮,切断总电源即可停机),选择了在空中逃离悬吊平台的错误做法。

3)叶某高空作业未戴安全帽也属违章行为。

2. 操作配合失误造成坠落致死

(1)事故经过

2011年9月19日在西南地区某市一在建楼盘工地,女工谭某和另外几名工人,在23楼外侧的悬吊平台上进行外墙涂装水泥砂浆。在作业过程中,一名工人递过来一只装满水泥砂浆的塑料桶。谭某失手没能接住,塑料桶向地面落下。此时谭某想一把抓住塑料桶,不料失去重心翻出平台,飞坠地面身亡。

(2)事故原因

1)高处作业应协调一致、配合密切。一时的配合失误,造成事故发生。

2)谭某违反高处作业应系安全带的规定,同时违反了高处作业吊篮操作人员应使用安全绳的国家标准规定。

3. 操作失误造成坠落致死

(1)案例1

2004年7月22日在华北地区某地学生公寓施工现场,使用高处作业吊篮进行外墙面刮涂料时,因工人操作失误造成悬吊平台失去平衡,致使平台上的二名作业人员从四楼坠下,造成一死一伤。

(2)案例2

2007年7月19日在华北地区某市光彩体育馆对面一工地内,一名工人在一栋在建大楼安装高处作业吊篮时,因操作失误从10多米高的平台上坠地身亡。

5.4 由现场管理问题引发的高处作业吊篮安全事故

5.4.1 安装和移位后或使用前不检查埋下隐患的事故案例

1. 案例1

（1）事故经过

2008年10月28日在某施工项目现场，工人使用脚蹬式吊篮进行高层住宅楼的外墙保温施工。正在大楼17层处施工的悬吊平台，突然发生倾翻。只有一人系了安全绳保住性命，其余三人没系安全绳，全部坠落死亡。

（2）事故原因

1）工人违章安装，采用普通编织袋装满沙子代替配重，每组悬挂装置压4个沙袋。

2）施工现场管理混乱，对于如此违章安装的情况，既无人检查验收，日常也无人过问。

3）沙袋被雨水淋湿后，在阳光暴晒下突然崩裂，导致一侧悬挂装置翻出屋顶，致使悬吊平台倾翻。

4）三名操作工违反安全操作规程，不系安全带，不用安全绳，致使高空坠落身亡。

2. 案例2

（1）事故经过

2009年在某市一施工现场，二名施工人员进入一台刚刚完成移位安装的高处作业吊篮准备开始施工。当开动悬吊平台上升，仅离开地面4、5m高时，一侧悬挂装置突然翻出楼顶，使悬吊平台一侧瞬时倾斜落在地面上。平台中的一名操作工坠落在地面，并被坠落的悬挂装置砸中当场死亡。

（2）事故原因

1）移位安装时，安装人员误把相邻并排放置的悬挂装置的配重拆除了。

2）未按规定进行检查验收。

3）毫不知情的施工人员操作平台上升时，便发生了被砸身亡的恶性事故。

3. **案例 3**

（1）事故经过

2010 年在某地，施工人员开动高处作业吊篮去高处作业，在平台上升过程中，一侧悬挂装置倾覆，幸好施工人员系了安全带，未造成人员伤亡事故。

（2）事故原因

1）高处作业吊篮租赁公司的安装人员，对设备进行移位安装时，其中一组屋面悬挂装置的配重并未进行安装。既未设置警示标志，又没有通知施工方。

2）在吊篮使用前施工人员也未进行例行检查。

4. **案例 4**

（1）事故经过

2014 年 7 月在华东地区某建筑工地，一台正在安装移位的高处作业吊篮，被两名不知情的工人操作悬吊平台升至建筑物七层进行幕墙施工作业。一侧钢丝绳从吊点处脱落，在悬吊平台及其上荷载的冲击作用下，将另一侧提升机安装架撕裂，导致悬吊平台整体坠落。

（2）事故原因

1）一侧钢丝绳还未来得及固定在悬挂装置上，临时用细钢筋绑扎在避雷线上，导致该侧坠落。

2）在高处作业吊篮移位安装过程中，既未断开电源停止使用，又未通知使用人员。

3）操作人员在使用前，未检查悬挂装置固定情况。

4）两名操作人员未接受安全技术教育与交底，操作时未系安全带。

5）施工现场管理十分混乱。

上述事故案例的共同特点是，施工现场管理混乱。在高处作业吊篮安装或移位完成后或在使用前，未按照安全管理规定进行检查，并且未按规定办理验收手续便投入使用，丧失了纠正安装错误、排除事故隐患的机会，造成事故发生。这也反映出，在有些地方安全管理规定形同虚设，安全管理制度与实际执行严重脱节的管理现状。

5.4.2 钢丝绳存在缺陷造成的伤亡事故案例

1. 案例1

2002年10月17日在华东某市新兴大厦工地，某建筑集团有限公司的三名施工人员操作高处吊篮安装玻璃。突然钢丝绳发生破断，悬吊平台从离地30多米的高处掉下，二人当场死亡，另一人经医院抢救无效死亡。平台坠地后被摔成几段，还将楼边的一辆轿车砸坏。

2. 案例2

2004年5月14日在华中地区某市君临广场，由某工程有限公司施工的幕墙安装工程现场，发生一起因钢丝绳破断，致使高处作业吊篮倾覆的事故。三名工人从离地约20m的高空坠落，二人当场死亡，一人重伤。经现场勘查，承载悬吊平台的钢丝绳锈迹斑斑且多处达到报废标准，未及时进行检查与更换，以致发生断绳事故。

3. 案例3

2005年10月19日华东某市百富勤大厦发生一起高空坠落事件。事故发生时，两位操作工人正在大厦外立面的23层进行设备维修，突然悬挂平台的钢丝绳破断，平台坠落，两位工人当场身亡。

4. 案例4

2006年12月9日在西南某省一大桥施工时，发生一起因钢丝绳绷断，导致高处作业吊篮坠落的事故，造成悬吊平台内三人死亡。

5. 案例5

2011年8月3日在华北某市一小区建筑工地内，两名操作工在刷涂料时，高处作业吊篮钢丝绳发生破断，两人从 19 楼掉下，造成一死一伤。

6. 案例 6

2011 年 12 月 22 日在华东某县人民医院新建大楼，三名工人正在外墙施工时，载人的高处作业吊篮一端钢丝绳突然断开，悬吊平台坠落。正在作业的三名工人从 30m 高的空中跌落，两人当场死亡，一人重伤。

在上述事故案例中，全部是因为钢丝绳破断，造成悬吊平台倾斜或坠落，从而引发的人员伤亡事故。钢丝绳既是高处作业吊篮的重要承载件，又是需要经常检查与保养的易损件。如果现场管理不到位，日常维保和检查不到位，达到报废标准的钢丝绳未能及时发现并更换，极易发生断绳事故。

5.4.3　设备带故障作业导致平台坠落的事故案例

1. 案例 1

（1）事故经过

2005 年 8 月 10 日在华北某市高层工地，项目施工员廖某上午违章指挥未经岗前培训的张某启动高处作业吊篮上五层擦洗马赛克墙面。在提升机钢丝绳被卡住后，张某强行打开提升机，使悬吊平台降到地面，进行了简单处理。下午廖某又违章指挥刘某等四人，再次开动该设备去 18 层运送钢管。结果，钢丝绳破断，造成平台内两人坠落地面，刘某死亡，崔某胸椎等多处粉碎性骨折。

（2）事故原因

1）廖某违章指挥未经岗前培训的人员使用高处作业吊篮进行作业。

2）非专业人员擅自处置发生故障的设备。

3）继续操作发生故障，未进行专业检修的设备，导致已受损伤的钢丝绳被提升机挤断，造成事故。

4）违规使用吊篮运送物料。

5）施工现场管理混乱，挂在墙上的规章制度形同虚设。

2. 案例 2

（1）事故经过

2010 年 7 月 6 日在西北某市美术学院高层家属楼施工工地，正在做外墙保温施工的高处作业吊篮一侧钢丝绳突然破断，导致悬吊平台上包括一对夫妻在内的三名作业工人坠落地面摔成重伤。

（2）事故原因

1）在事故发生前两天，工人就发现设备西侧钢丝绳有"咯吱、咯吱"的异常声音，向工地负责人反映了两次都未进行检修。

2）结果发出异常声音的钢丝绳破断，造成事故。

3）施工现场管理人员安全意识差，不及时组织排查设备隐患，最终酿成事故，负有无可推卸的安全管理责任。

5.4.4 未设警戒线致使平台坠落的事故案例

1. 案例 1

2003 年 5 月 18 日在华中地区某科技大学中南分校，二个民工在距地面 20m 的高空进行墙面施工时，固定高处作业吊篮的悬挂装置突然脱落，二名民工当即摔了下来，其中一人当场死亡、一人受伤。而坠落的平台又将路过此地的一名学校杂工砸成重伤。

2. 案例 2

2005 年 3 月 13 日在华南某市建设工地，在八楼外墙施工的高处作业吊篮突然坠落，两名站在悬吊平台内的施工人员，一人坠地身亡，另一人被安全绳悬挂在空中，而坠落的平台又将一名正在地面搞绿化的工人当场砸死。

3. 案例 3

2007 年 7 月 19 日在华东某市体育中心在建工地内，两名工人正在六米多高的高处作业吊篮上补装两块玻璃，突然悬挂平台的一侧钢丝绳破断，二名工人当场从六米高空坠落，因为在设备施工下方未设警示措施，坠落的平台将正在下方作业的另外三名工人砸成重伤。

上述事故案例的共同特点是：施工现场对"必须在高处作业

吊篮施工作业下方地面设置警示标志和警戒线”的安全操作规程执行情况疏于监管，造成高处坠物伤人伤及无辜。

5.4.5 触及高压线造成严重事故的案例

1. 事故经过

2009年12月5日在华东某市龙天景大厦，一名装修工人正在高处作业吊篮中进行墙体粉刷作业的时候，由于吊篮距高压线较近，一阵大风刮过，不慎触及万伏高压电线，操作工被当场电晕，所幸经紧急抢救挽回了生命。但这次事故造成大面积停电，约万余户市民受到影响。

2. 事故原因

未按《高处作业吊篮》GB/T 19155—2017规定，与高压线保持10m距离。

5.4.6 不系安全带发生的伤亡事故的案例

1. 案例1

2004年6月17日在华东某县金融大厦工地，高处作业吊篮钢丝绳断裂，致使悬吊平台倾覆，造成四名操作人员从63m高处坠落，当场全部死亡。四人均未按规定系安全带，也没戴安全帽。

2. 案例2

2005年10月19日在华东某市百富勤大厦，两名工人正在23层外立面维修高处作业吊篮，突然一侧钢丝绳断裂，悬吊平台倾斜，两名工人坠地当场身亡。

3. 案例3

2007年1月17在西南某市一在建工地，正在作业的高处作业吊篮从20m高处突然坠地，平台内六名工人，除二人依靠安全绳下坠几米后挂在空中，事后翻阳台进入楼内之外，另外四名工人随平台一同坠地，二人死亡、二人重伤。

上述事故案例只是众多类似案例的代表。虽然引发悬吊平台倾斜或坠落的原因各不相同，但都是因为违反了“高处作业必须系安全带"的安全操作规程，违反了国家标准《高处作业吊篮》"应设置独立悬挂的安全绳"的规定，才导致高空坠落伤亡事故的发生。

从高处作业吊篮事故案例统计数据表明，在悬吊平台发生倾翻时，凡是系安全带的都能够保住生命；凡是正确使用安全绳的都能幸免于难。

5.5 近几年被媒体曝光的高处作业吊篮事故案例

近几年来，高处作业吊篮施工安全形势不容乐观，相关生产安全事故连续发生呈上升趋势。2015 以来，一些影响较大的高处作业吊篮施工安全事故连续被媒体曝光。

5.5.1 2015 年度被媒体曝光的事故案例

1. 案例 1

2015 年 6 月 2 日上午八点半左右，在济南市槐荫区连城水岸二区的施工工地上，正在建筑物外墙进行粉刷作业的高处作业吊篮平台突发倾斜，一名建筑工人从距离地面 80m 左右的高处作业吊篮上坠落，不幸身亡，另一名工人被挂在空中。死者作业时没有佩戴任何防护用具。

2. 案例 2

2015 年 8 月 17 日，南京市溧水区某楼盘，高处作业吊篮在升降过程中一端钢丝绳脱落，导致三名工人坠落死亡。

3. 案例 3

2015 年 10 月 13 日，西安市玉祥门附近一在建楼盘，一侧的钢缆突然断裂，两名工人从高处作业吊篮上坠落，其中一人重伤，送往医院抢救。

4. 案例 4

2015 年 10 月 19 日，山东省潍坊市一处在建高层住宅楼盘发生安全事故，一台高处作业吊篮一侧缆绳突然断裂，平台倾斜，平台上的一名工人当场坠落死亡，另一名工人被困在倾斜的平台内，紧紧抓着平台被救下。

5. 案例 5

2015 年 11 月 29 日，湖北省十堰市一建筑工地，高处作业吊篮突然坠落，在吊篮平台内作业的两名工人一同落下，不幸全部身亡。

5.5.2　2016 年度被媒体曝光的事故案例

1. 案例 1

2016 年 1 月 19 日，江西瑞昌一建筑工地发生一起安全生产责任事故。因高处作业吊篮提升机卡断钢丝绳，导致平台坠落，造成一死，一重伤。

2. 案例 2

2016 年 3 月 16 日，银川市永宁县某工程，在外墙抹灰施工中，一施工人员在四楼外窗口处，从吊篮平台上不慎坠落死亡。

3. 案例 3

2016 年 3 月 18 日，石家庄市桥东区义堂新村续建工程住宅楼项目，由河北云帆建筑劳务分包有限公司负责外墙贴砖作业。工人刘建军和刘建立使用的脚蹬式吊篮发生倾覆，二操作工随同悬吊平台坠落地面，造成一人死亡，一人重伤的安全事故。

事故直接原因：悬挂挑梁未按标准规定配置符合要求的配重，而采用沙袋作为配重，且未固定牢固；安全绳未与建筑结构单独可靠连接，而直接与吊篮护栏进行了连接；超载及作业时的震动使配重移位，导致平台倾覆；施工人员违规系挂安全带，造成高空坠落死亡。

4. 案例 4

2016 年 4 月 5 日，内蒙古赤峰市，正在做外墙保温施工的高处作业吊篮，一侧的钢丝绳断裂，致使从平台上跌落地面的两人死亡，另一人悬在空中被救。

5. 案例 5

2016 年 4 月 22 日，云南省保山市龙江大桥项目，在施工过程中，吊篮平台的焊缝发生断裂，引起平台整体断开，从40m高空坠落，导致三人死亡。

6. 案例6

2016年10月11日，沈阳市大东区，一工人乘坐高处作业吊篮升至二楼时，七楼顶部设置的悬挂吊臂突然脱落，致使平台坠地，这名工人不幸被悬挂吊臂砸中头部当场死亡。

7. 案例7

2016年10月31日，杭州市余杭区某工程项目在幕墙施工中，一侧钢丝绳断裂，吊篮平台发生倾斜，导致平台内三名工人从高处坠落，二死一伤。

8. 案例8

2016年12月10日，河南省驻马店市某项目发生高处作业吊篮倾覆事故，造成三名施工人员死亡。

5.5.3 2017年度被媒体曝光的事故案例

1. 案例1

2017年2月6日，四川川通桥梁工程公司在小磨公路6号桥梁施工时，因高处作业吊篮坠落，导致七名施工人员坠落，四死三伤。

2. 案例2

2017年3月27日，河北省保定市某工程项目，四名工人乘高处作业吊篮向上提升至14层时，平台左侧突然大幅度坠落，随即三人坠地死亡，一人挂在安全绳上逃过一劫。

3. 案例3

2017年3月28日，广州市天河区环球都会广场发生一起高处坠落事故。因高处作业吊篮的悬挂装置折断，悬吊平台从高处坠落到五楼平台，摔得粉碎，二名工人当场身亡。

4. 案例4

2017年4月16日，深圳市科技大厦项目工地，两名工人在幕墙作业时，从吊篮平台上摔下，傅某因伤势过重死亡，陈某多处骨折。

5. **案例 5**

2017 年 7 月 19 日，新疆维吾尔自治区昌吉回族自治州昌吉市环宇新天地建设项目 9 号楼在进行外墙施工时，吊篮平台发生倾覆，导致三名作业人员高处坠落死亡。

6. **案例 6**

2017 年 12 月 2 日上午，在四川省通江县诺江镇两公里处某建筑工地上，两名工人在高处作业吊篮上进行外墙施工时，悬吊平台发生坠落，致两名工人当场身亡。

6 高处作业吊篮安全操作技能

6.1 掌握高处作业吊篮安装与拆卸的程序与方法

一名合格的高处作业吊篮安装与拆卸工，应当熟练掌握高处作业吊篮的安装与拆卸方法和程序，并且能够按照规定的程序与方法，安全可靠地进行安装与拆卸作业。

6.1.1 高处作业吊篮的安装程序与方法

1. 整机安装流程图

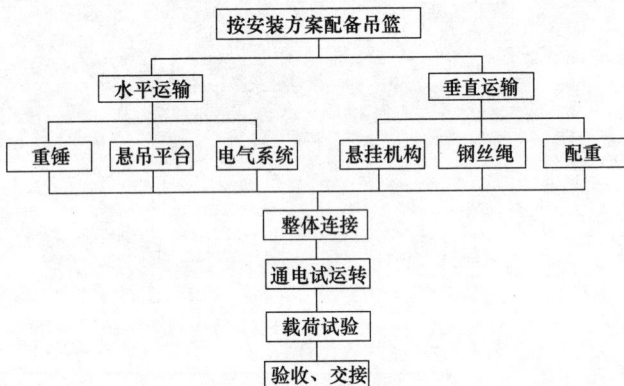

图 6-1 整机安装流程图

2. 悬挂装置的安装程序与方法

将待安装的悬挂装置的零件、构件和附属件垂直运输至屋顶或预定的安装层面。

（1）配重悬挂装置的安装程序与方法

按图 6-2 所示装配关系安装配重式悬挂装置。

1）将前伸缩架插入前支架套管内，根据女儿墙的高度调整伸缩架的高度，然后用螺栓固定，完成前支座安装。

2）将后伸缩架插入后支架套管内，后伸缩架的高度与前伸缩架等高，然后用螺栓固定，完成后支座安装。

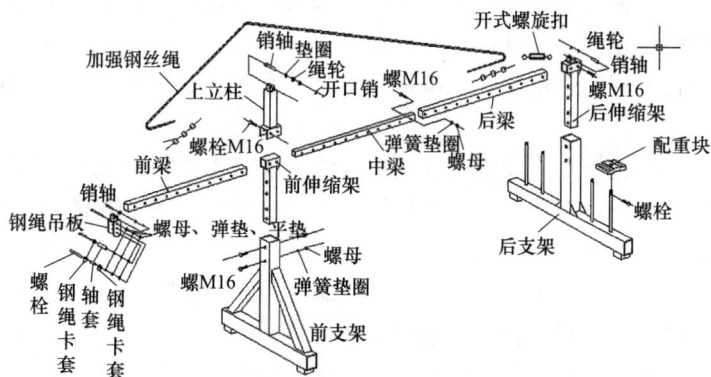

图 6-2　悬挂装置安装图

3）将前梁、后梁分别装入前、后支座的伸缩架顶部方管内。

4）用中梁前后两端分别套接前梁、后梁，并根据现场实际情况选定前梁的外伸尺寸及前、后支座的水平距离（此距离尽量放至最大）。

5）将上立柱卡在前伸缩架顶部，用螺栓将前梁、前伸缩架和上立柱一起固定，完成上立柱组装。

6）将加强钢丝绳的一端穿过前梁钢丝绳吊板的滚轮后，用楔型接头（或其他符合标准规定型式的接头）固定；将 00 型索具螺旋扣的一端放入后伸缩架顶部的小连接支板内，插入销轴进行固定；将钢丝绳的另一端穿过索具螺旋扣的另一端，然后将钢丝绳端部进行固定；调节螺旋扣的长度，绷紧加强钢丝绳。

7）将工作钢丝绳和安全钢丝绳上端分别安装在前梁的钢丝绳吊板上，并且用螺栓或销轴进行可靠的连接与固定。

8）在钢丝绳适当位置安装上行程限位和上极限限位挡块。

安装方法应符合产品使用说明书规定。

9）检查各部件安装应正确、牢固，确认无误后，将悬挂装置移至预定的使用位置。

10）用销子固定承重脚轮或用垫木垫高前支座，使非承重脚轮悬空。

11）将配重块按产品使用说明书规定的数量，安装在后支座规定的位置上，并且进行有效锁止。

12）根据悬吊平台二吊点间距，用上述方法安装另一组悬挂装置。

13）将工作钢丝绳、安全钢丝绳沿建筑物外立面从绳头部开始缓慢放下。在放第二根钢丝绳前，须由专人在地面将前一根钢丝绳拉开。严禁两根钢丝绳在缠绕状态进行穿绳。

14）检查各紧固件及钢丝绳和配重的固定情况。

（2）女儿墙卡钳的安装程序与方法

按图6-3所示，进行安装（不同厂商的女儿墙卡钳的安装方法，按产品使用说明书）。

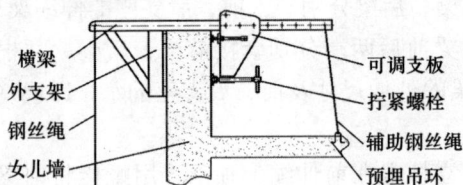

图6-3 女儿墙卡钳安装图

1）将工作钢丝绳和安全钢丝绳分别用螺栓或销轴安装并固定在横梁前端的吊板处。

2）将横梁插入可调支板。

3）将卡钳骑在女儿墙上。

4）将外支架抵紧在女儿墙外侧，根据女儿墙厚度尺寸调节可调支板在横梁上的位置，用二条及以上螺栓将可调节支板和横梁连接为整体。

5）旋转拧紧螺栓，将卡钳固定在女儿墙上。

6）将辅助钢丝绳两端分别固定在横梁尾部和预埋吊环上并拉紧。

7）检查各部件安装应正确、牢固，并确认无误。

8）根据悬吊平台二吊点间距，用上述方法安装另一组卡钳。

9）将工作钢丝绳、安全钢丝绳沿建筑物外立面从绳头部开始缓慢放下。在放第二根钢丝绳前，须由专人在地面将前一根钢丝绳拉开。严禁两根钢丝绳在缠绕状态进行穿绳。

3. 悬吊平台的安装程序与方法

（1）悬吊平台安装流程图（见图6-4）

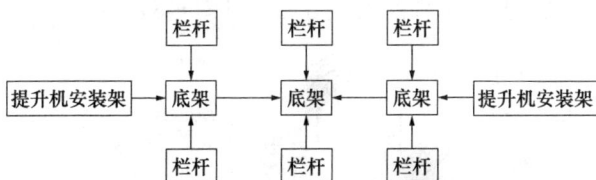

图6-4　悬吊平台安装流程图

（2）悬吊平台的安装方法

悬吊平台一般按图6-5所示装配关系进行安装。

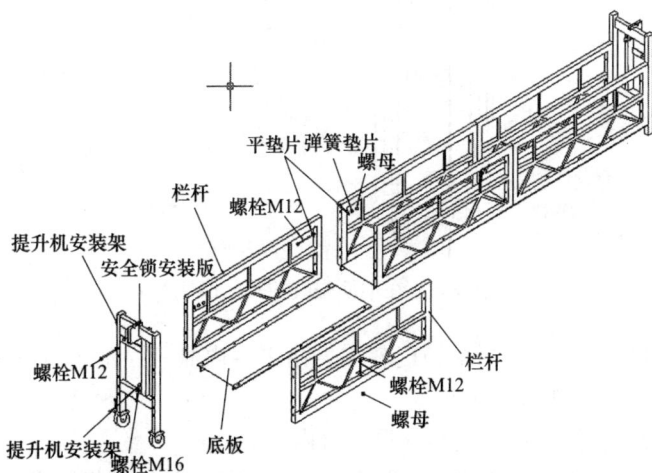

图6-5　悬吊平台安装图

1）将底板平放，且垫高 200 mm 左右。

2）用底板和两侧栏杆各一件组装平台基本节，并用螺栓组进行初步连接。

3）按平台纵向长度尺寸，将基本节对接成整体。

4）调整各基本节栏杆，使其保持在同一条直线上。

5）将提升机安装架，安装于栏杆两端；脚轮安装在提升机安装架底部，用螺栓连接。

6）检查各部件安装应正确、无错位，确认无误后，紧固全部螺栓。

（3）地面其他部件的安装方法（见图6-6）

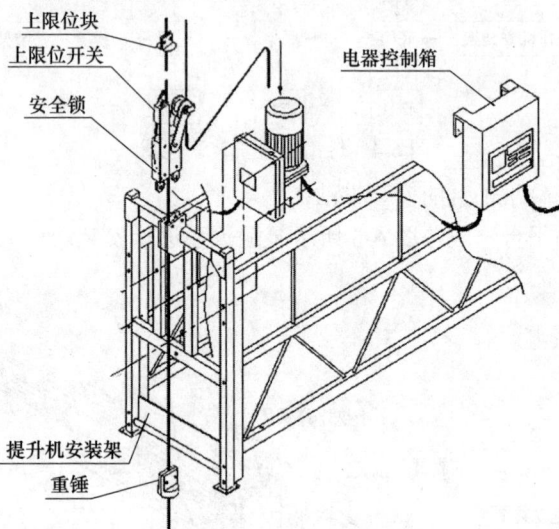

图 6-6　在地面安装的其他部件

1）将电器控制箱箱门朝向悬吊平台内侧，固定在悬吊平台非工作面一侧的栏杆上。

2）将提升机搬运至悬吊平台内。

3）使提升机下方的安装孔对准安装架上的提升机固定支座。

4）插入销轴并用锁销锁定，或穿入螺栓用螺母紧固。

5）在提升机箱体上端用二只连接螺栓将提升机固定在提升机安装架的横框上。

也可通电后，在悬吊平台外将工作钢丝绳穿入提升机，并点动上升按钮将提升机吊入悬吊平台内进行安装。

采用此方法安装时，须将提升机出绳口处悬空并垫稳，在钢丝绳露出出绳口时将钢丝绳引出，防止钢丝绳头部冲击地面受损。

6）把安全锁安装在安装架的安全锁支板上，用螺栓紧固。注意将摆臂滚轮朝向平台内侧。

7）将上限位行程开关和上限位极限开关分别安装在安全锁上的开关支板上，且用螺栓固定。

8）将上限位行程挡块和上极限限位挡块分别安装在钢丝绳顶部。

9）将重锤安装在安全钢丝绳的下端。

4. **整机安装与调试方法**

（1）检查并确认

1）各连接部位应牢固可靠。

2）钢丝绳完好无损。

3）电路接线正确。

（2）连接和检查电气系统

1）将电动机电缆插头、手持式开关电缆插头分别插入电控箱下部相应的航空插座内。

2）确认无误后，按三相五线制连接电源。

3）确认电源电压应在 380V±5% 范围内。

4）按下漏电断路器上的试验按钮，漏电断路器应迅速动作。

5）关好电控箱门，检查电铃、行程限位开关、极限限位开关、手持式开关、转换开关和电动机等应工作正常。

（3）穿入钢丝绳（如图 6-7 所示）

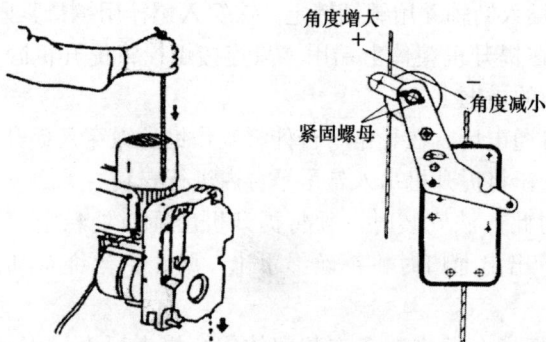

图 6-7　穿钢丝绳示意图

1）将电控箱面板上的转换开关转到待穿钢丝绳的提升机单独动作的挡位。

2）将工作钢丝绳从安全锁的摆臂滚轮与挡环中穿过后，用力插入提升机上部入绳口内，直至插不进为止，然后将钢丝绳略为提起后再用力下插，使钢丝绳插紧在提升机内；按下上升按钮，使工作钢丝绳自动卷入提升机。

3）在穿绳过程中要密切注意有无异常情况，直至工作钢丝绳由提升机出绳口露出为止；若有异常，应立即停止穿绳，待异常处置后，再进行穿绳。

4）继续按住上升按钮，待工作钢丝绳绷直后，将自动打开摆臂防倾式安全锁。

5）将穿出的钢丝绳通过提升机安装架下端，垂直引放到悬吊平台外侧，并盘放收好。

6）将位于悬挂装置外侧的安全钢丝绳穿入安全锁内。

7）穿绳时先将安全锁摆臂向上抬起，再将钢丝绳穿入安全锁上方的进绳口中，用手推进使其自由通过安全锁后，从安全锁下方的出绳口将钢丝绳拉出，直至将钢丝绳拉紧。

8）按上述程序安装另一侧提升机、安全锁和钢丝绳。

9）将两端提升机分别穿绳至钢丝绳拉紧后停止，然后将转换开关转至中间档位，点动上升按钮，同时拉住悬吊平台两端，使其在自重作用下处于悬吊状态。应注意在悬吊平台离开地面时，避免与墙面或其他物体发生碰撞。

10）待悬吊平台离开地面 200～300mm 时，停止上升，并检查悬吊平台是否处于水平状态。平台如有倾斜，可将转换开关转至低端单动档位，并点动上升按钮，使悬吊平台运行至水平位置。

11）整理地面富余的钢丝绳，将其卷成圈后捆扎好，防止异常弯曲或损伤。

（4）其他安装与检查

1）将安全绳（俗称生命绳）一端固定在建（构）筑结构上，另一端沿建（构）筑物外立面垂放至地面。

2）在安全绳与锐边接触处进行防磨损保护。

3）全面检查各安装部位，在确认无误后，进行调整及试运行。

4）安装完成后，应对高处作业吊篮进行全面自检；然后按规定进行检验与验收。

5）经检验与验收合格后，方可投入使用。

6.1.2　高处作业吊篮的拆卸程序与方法

高处作业吊篮的拆卸程序应遵循先下后上的原则，即先拆除悬吊平台再拆除悬挂装置；拆除连接悬吊平台和悬挂装置的钢丝绳和电缆线。

1. 钢丝绳和电缆线的拆卸方法

（1）卸下安全钢丝绳上的重锤；

（2）启动下行按钮将工作钢丝绳从提升机中抽出；

（3）将安全钢丝绳从安全锁中抽出；

（4）切断总电源，把电源电缆从电控箱上的航空插头处卸下，卷绕成卷后绑扎成捆；

（5）将工作钢丝绳和安全钢丝绳拉上楼顶或悬挂装置的安装楼层；

（6）把钢丝绳和限位挡块从悬挂装置上卸下。

2. 悬吊平台的拆卸方法

（1）将电动机和手持式开关的电缆插头从电控箱上的插座上卸下；

（2）将安全锁和提升机从安装架上卸下；

（3）卸下提升机安装架；

（4）将栏杆和底架进行解体；

（5）将所有零部构件整齐码放于通风、干燥、无腐蚀气体环境中。

3. 悬挂装置的拆卸方法

（1）取下配重，码放整齐；

（2）将悬挂装置平移至较安全区域；

（3）将工作钢丝绳和安全钢丝绳从吊点上拆卸，卷绕成卷后绑扎成捆；

（4）旋松索具螺旋扣，卸下加强钢丝绳；

（5）拆除连接螺栓或销轴，将横梁从前、后支座上拆下；

（6）拆除连接螺栓，拆散前、中、后梁。

6.2 掌握主要零部件的性能、作用及报废标准

一名合格的高处作业吊篮安装与拆卸工，应当熟知高处作业吊篮主要零部件的性能、作用及报废标准，并且能够按照规定的报废标准，准确判断零部件是否应该报废；根据主要零部件的性能和作用，正确更换主要零部件。

6.2.1 提升机及其主要零部件的性能、作用和报废标准

1. 提升机的作用

提升机是高处作业吊篮的动力装置。其作用是为悬吊平台上下运行提供动力，并且使悬吊平台能够停止在作业范围内的任意高度位置上。

2. 提升机的主要零部件

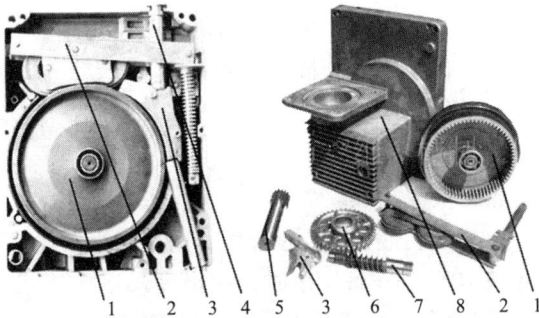

图 6-8　提升机的主要零部件

1—绳轮；2—压绳组件；3—导绳块；4—进绳管；5—小齿轴；6—蜗轮；
7—蜗杆；8—箱体

3. 绳轮的性能、作用和报废标准

（1）绳轮的性能要求

绳轮一般由支承轴、内齿圈和绳槽等结构组成，是组成提升机的关键主要零件。

支承轴结构需要具有较高的强度，用以支承齿圈和绳槽部分，并传递和承受较大的转矩和弯矩；轴颈部位需要较高的尺寸精度与轴承内孔配合，以及较高的位置精度，来保证齿圈与小齿轮正常啮合且平稳转动。

内齿圈结构要求具有较高强度、耐磨性和冲击韧性，以保证齿轮减速传动的可靠性和耐用性；轮齿部分需要较高尺寸精度和位置精度，以确保正常啮合且平稳转动。

绳槽结构要求具有较高的耐磨性，以满足在与钢丝绳长期摩擦状态下的使用寿命。

为满足上述要求，绳轮至少应选用 40Cr 材料制作，若采用 38CrMoAl 材料制作，可获得更佳的渗氮效果及整体强度，将大大提高绳槽部分的耐磨性，以及齿部的抗冲击能力。

为达到绳轮的基本性能要求，其制作工艺相对复杂。其加工工艺路线：锻造毛坯、毛坯正火（热）、粗加工、调质处理（热）、半精加工、稳定回火（热）、精加工至图纸尺寸、制齿、渗氮处理（热）。

（2）绳轮的作用

绳轮主要有两个作用：其一，内齿圈与小齿轴啮合，起到减速增扭的作用，传递由电动机传来的动力；其二，靠绳槽卷绕钢丝绳，在压绳组件的作用下，绳槽与钢丝绳之间产生摩擦力，使提升机产生向上爬升的动力。

（3）绳轮的报废标准

1）支承轴颈磨损程度，达到其轴径尺寸小于设计规定的最小极限尺寸减 10% 公差带宽度时，应报废。

2）内齿圈存在裂纹或断齿的，应报废。

3）齿面发生点蚀或剥落，点蚀或剥落面积大于啮合面积的30%，且深度达到 20% 齿厚时，应报废。

4）齿面产生胶合，胶合面积大于啮合面积的 20%，且深度达到 10% 齿厚时，应报废。

5）齿面塑性变形的峰谷高差大于 20% 模数时，应报废。

6）齿厚磨损量大于 10% 模数时，应报废。

7）绳槽表面发生点蚀，点蚀面积大于轮槽面积的 30%，且深度达到 10% 钢丝绳直径时，应报废。

8）绳槽表面产生胶合，胶合面积大于轮槽面积的 30%，且深度达到 10% 钢丝绳直径时，应报废。

9）绳槽表面磨损深度达到 15% 钢丝绳直径时，应报废。

4. 小齿轴的性能、作用和报废标准

（1）小齿轴的性能要求

小齿轴整体结构需要具有较高的强度，用以传递和承受较大的转矩和弯矩；轴颈部位需要较高的尺寸精度与轴承内孔配合，以及较高的位置精度，来保证轮齿部分的正常啮合且平稳转动。

齿部要求具有较高强度、耐磨性和冲击韧性，以保证齿轮减速传动的可靠性和耐用性；齿部需要较高尺寸精度和位置精度，以确保正常啮合且平稳转动。

小齿轴宜选用 40Cr 材料制作，以满足齿部的耐磨性及抗冲击性的要求。

小齿轴的加工工艺路线：圆钢下料、粗车、调质处理（热）、精车至图纸尺寸、制齿、渗氮处理（热）。

（2）小齿轴的作用

小齿轴将蜗轮传递来的动力，通过齿轮啮合的形式的传递给绳轮，起到第二级减速增扭的作用。

（3）小齿轴的报废标准

1）支承轴颈磨损程度，达到其轴径尺寸小于设计规定的最小极限尺寸减 10% 公差带宽度时，应报废。

2）存在裂纹或断齿的，应报废。

3）齿面发生点蚀或剥落，点蚀或剥落面积大于啮合面积的30%，且深度达到 20% 齿厚时，应报废。

4）齿面产生胶合，胶合面积大于啮合面积的 20%，且深度达到 10% 齿厚时，应报废。

5）齿面塑性变形的峰谷高差大于 20% 模数时，应报废。

6）齿厚磨损量大于 10% 模数时，应报废。

5. 蜗杆的性能、作用和报废标准

（1）蜗杆的性能

蜗杆的性能与小齿轴相似，只是比小齿轴转速更高，需要更高的耐磨性。

蜗杆应采用 40Cr 或 38CrMoAl 材料制作，以满足更高的耐磨性及抗冲击性的要求。

蜗杆的加工工艺路线：圆钢下料、粗车、调质处理（热）、精车至图纸最终尺寸、渗氮处理（热）。

（2）蜗杆的作用

蜗杆将电动机输出轴传递来的动力传递给蜗轮，起到第一级减速增扭的作用。

（3）蜗杆的报废标准

蜗杆的报废标准与小齿轴相同。

6. 蜗轮的性能、作用和报废标准

（1）蜗轮的性能

蜗轮齿部需要一定的强度，用以传递和承受转矩和弯矩；齿面需要良好的减磨、抗磨性能、抗胶合性能和跑合性能，用于满足正常啮合与传动；轮毂孔需要较高的尺寸精度与小齿轴外径配合，以及较高的位置精度，来保证轮齿部分与蜗杆正常啮合且平稳转动。

蜗轮宜选用具有一定强度且耐磨性和抗胶合性较高的铸造铜合金材料制作。一般常用铸造锡青铜 ZCuSn10Pb1、铸造锡锌青铜 ZCuSn10Zn2 或铸造铝铁青铜 ZCuAl10Fe3 等材料。以铜和锡（或铝）为主的软硬二相组成的合金材料，软组织易于跑合，硬组织用于承载，非常适合蜗轮材料的特性。

蜗轮加工工艺路线：铸造毛坯、精车轮坯、插制键槽、滚制齿形。

（2）蜗轮的作用

蜗轮与蜗杆啮合，起到第一级减速增扭的作用。

（3）蜗轮的报废标准

1）蜗轮轮毂孔尺寸大于最大极限尺寸＋10% 公差带宽度时，应报废。

2）轮齿存在裂纹或断齿的，应报废。

3）齿面发生点蚀或剥落，点蚀或剥落面积大于啮合面积的 30%，且深度达到 20% 齿厚时，应报废。

4）齿面产生胶合，胶合面积大于啮合面积的 20%，且深度达到 10% 齿厚时，应报废。

5）齿面塑性变形的峰谷高差大于 20% 模数时，应报废。

6）齿厚磨损量大于 20% 模数时，应报废。

7. 压绳组件的性能、作用和报废标准

（1）压绳组件的组成

压绳组件主要由压绳轮、杠杆臂、压力弹簧和弹簧导柱等组成。

（2）压绳组件的作用

通过铰接在提升机箱体上的杠杆臂，使压力弹簧的压力传递到压绳轮上；由压绳轮施加在钢丝绳上的压力，使钢丝绳与绳轮之间产生足够大的摩擦力，驱动提升机爬升。弹簧导柱起到保持弹簧受压稳定性的作用，其尾部螺母起调节弹簧压力的作用；杠杆臂起到扩大压力的作用。

（3）压绳组件的报废标准

1）压绳轮轮槽表面点蚀大于30%，且深度达到10%钢丝绳直径时，应报废。

2）压绳轮轮槽表面胶合大于20%，且深度达到10%钢丝绳直径时，应报废。

3）压绳轮轮槽表面磨损深度达到15%钢丝绳直径时，应报废。

4）压力弹簧断裂或弹性不足以满足压绳要求时，应报废。

8. 导绳块的性能、作用和报废标准

（1）导绳块的性能

导绳块也称为分绳块，应具有良好分绳和导绳性能，且应具有较高的耐磨性。导绳块一般采用铸钢或尼龙材料制成。

（2）导绳块的作用

将由进绳管进入提升机的钢丝绳，顺畅地导入绳轮和压绳轮之间；并且将经过绳轮缠绕的钢丝绳，顺利地导入出绳管及提升机出绳口。

（3）导绳块的报废标准

1）出现裂纹或断裂时，应报废。

2）交叉设置的进绳槽与出绳槽之间被磨穿时，应报废。

3）进绳槽或出绳槽表面出现损伤钢丝绳的缺陷时，应报废。

9. 进绳管的性能、作用和报废标准

（1）进绳管的作用

进绳管起到将钢丝绳顺畅导入提升机的作用，另外作为易损件，可起到保护提升机箱体进绳处不被磨损的作用。进绳管一般采用低碳钢管材制作。

（2）进绳管的报废标准

1）入口处磨损达到 2 倍钢丝绳直径时，应报废。

2）内孔表面出现损伤钢丝绳的缺陷时，应报废。

10．箱体的性能、作用和报废标准

（1）箱体的性能与作用

提升机箱体应具有一定的机械强度，用来承受减速部分、卷绳 / 压绳部分和手动滑降限速部分的工作荷载；具有较轻的自重，以增加提升机的有效提升力。

箱体一般采用铝合金铸造成型，经过加工中心一次完成所有加工工序。

（2）箱体的报废标准

1）出现裂纹时，应报废。

2）轴承座孔尺寸大于最大极限尺寸＋10% 公差带宽度时，应报废。

3）限速器座孔磨损大于 1.0mm，应报废。

4）漏油大于 1 滴 /10min，且无法修复时，应报废。

6.2.2 制动器及其主要零件的作用和报废标准

1．制动器的作用

制动器是高处作业吊篮提升机的重要部件。制动器在起升机构中不仅起到减速制动和准确停位的作用，而且还起到维持安全制动的作用。

2．制动器的主要组成部分及其作用

（1）制动器主要由驱动装置、施力装置、传动构件、摩擦元件和机座五部分组成。

（2）驱动装置的作用是，为传动构件提供驱动力。高处作业吊篮采用的电磁制动电动机，其制动器的驱动装置就是电磁线圈＋电磁铁。

（3）施力装置的作用是，对摩擦元件施加工作压力，以产生摩擦制动力或制动力矩。高处作业吊篮采用的制动器属于常闭式（常态下处于闭合状态，通电后释放）制动器，其施力装置是一组圆周分布的压力弹簧。

（4）传动机构的作用是，将驱动装置的驱动力和施力装置的工作压力传递到摩擦元件上。

（5）摩擦元件的作用是，与机座之间产生摩擦力或摩擦力矩。

（6）机座的作用是，固定制动器上的所有不旋转的装置、机构和元件，为摩擦元件提供反作用力。

3. 制动器的报废标准

（1）驱动装置的报废

1）线圈烧毁的应报废。

2）引线断开且不能修复的应报废。

3）铁芯卡滞且不能修复的应报废。

（2）施力装置的报废

1）弹簧产生了永久变形并且永久变形量达到了弹簧工作变形量的 10% 以上。

2）弹簧断（碎）裂的应报废。

3）弹簧表面产生了 20% 以上锈蚀或有明显的损伤痕迹的应报废。

（3）传动机构的报废

高处作业吊篮的制动器的传动机构简单、直接，一般无报废的可能。

（4）摩擦元件的报废

1）摩擦材料层磨损量（厚度）≥1/2 的原始厚度时，应报废。

2）制动表面出现 30% 以上的碳化面积或 20% 以上面积出现剥脱现象时，应报废。

3）制动表面出现裂纹或较严重的龟裂现象时，应报废。

6.2.3 安全锁及其主要零件的性能、作用和报废标准

1. 安全锁的作用

安全锁是高处作业吊篮的安全保护装置。其作用是：在悬吊平台升空作业时，一旦提升机失效，平台下降失控或工作钢丝绳

破断，造成平台过度倾斜或坠落时，安全锁会立即锁定在安全钢丝绳上，避免悬吊平台倾翻或坠落。

2. 安全锁的主要零件

（1）安全锁主要由锁绳机构、触发机构和壳体三部分组成。

（2）锁绳机构主要由绳夹、套板、预紧弹簧和定位轴等零件组成。

（3）离心触发机构主要由测速轮、压紧轮、离心甩块、预紧弹簧、拔杆和锁块组成。

（4）摆臂触发机构主要由滚轮、摆臂支板和压杆组成。

3. 绳夹的性能、作用和报废标准

（1）绳夹的性能与作用

绳夹的作用是夹紧钢丝绳，且不得打滑，还要承受安全锁锁绳的冲击荷载。因此绳夹需要很高的强度、耐冲击性和耐磨性。高品质的绳夹，通常选用制作涡轮发动机叶片的不锈钢精密铸造成型。

（2）绳夹的报废标准

1）发现裂纹时，应报废。

2）半圆形凸肩磨损量大于 10% 原凸肩尺寸时，应报废。

3）圆弧槽底最大磨损量大于 10% 钢丝绳公称直径时，应报废。

4）绳夹变形至绳槽所在平面的平面度大于 0.10mm 时，应报废。

4. 套板的性能、作用和报废标准

（1）套板的性能与作用

两组套板通过双月形孔与绳夹的两个半圆形凸台配合，组成一套四连杆机构，当被触发时，绳夹对钢丝绳将越夹越紧，形成自锁效应。套板即四连杆机构中的连杆。套板的双月型孔周围需要较高的强度、冲击韧性和耐磨性。套板的材料与绳夹相同，采用制作涡轮发动机叶片的不锈钢精密铸造成型。

（2）套板的报废标准

1）出现裂纹时，应报废。

2）双半月孔磨损量大于 10% 原孔尺寸时，应报废。

5. 壳体的性能、作用和报废标准

（1）壳体的性能与作用

壳体用于包容和支承锁内零件。壳体属于冷冲压拉深零件，需要较高的延伸性，故应采用 08 号优质碳素结构钢钢板制作。

（2）壳体的报废标准

1）轴套座孔的长轴直径大于基本尺寸＋0.2mm 时，应报废。

2）表面锈蚀深度大于 0.20mm 时，应报废。

6. 预紧弹簧的性能、作用和报废标准

（1）预紧弹簧的性能与作用

预紧弹簧的作用是，使绳夹预紧在钢丝绳上，并且产生一定初压力，为安全锁触发时，绳夹夹紧钢丝绳做好准备。预紧弹簧的材料可采用 65Mn 钢制作，采用 60Si2Mn 钢更佳。因为加入了硅元素，可以显著提高材料的弹性极限，及回火稳定性，从而获得更良好的机械性能。

（2）预紧弹簧的报废标准

1）发生断裂时，应报废。

2）失去应有的弹性时，应报废。

7. 托座的性能、作用和报废标准

（1）托座的性能与作用

托座通过螺栓与壳体连接为整体，用于将安全锁连接固定在安装架上。托座需具备一定的强度，以承受安全锁的冲击荷载。托座采用铸钢件制成。

（2）托座的报废标准

1）发现裂纹时，应报废。

2）表面锈蚀深度大于 0.50mm 时，应报废。

8. 摆臂支架的性能、作用和报废标准

（1）摆臂支架的性能与作用

板状摆臂支架一端用于固定滚轮，另一端铰接在壳体上，通过摆臂支架上的方孔与两端设有方隼的压杆轴配套使用。摆臂支架采用低碳钢板制作。

（2）摆臂支架的报废标准

1）发现裂纹时，应报废。

2）表面锈蚀深度大于 0.20mm 时，应报废。

6.2.4　主要结构件的作用和报废标准

1. 主要结构件的作用

（1）高处作业吊篮的结构件主要集中在悬挂装置和悬吊平台部分。

（2）悬挂装置的作用是，通过悬挂在其端部的钢丝绳承受悬吊平台升空作业时的全部自重、工作荷载和风荷载等的总悬吊荷载。悬挂装置是高处作业吊篮的基础结构件，是悬挂悬吊平台的"根"。

（3）悬吊平台是高处作业吊篮载人载物升空作业的篮状结构件。其作用是搭载作业人员、工具和材料进行高处作业。

2. 主要结构件的性能要求

（1）主要结构件应具有一定的强度和刚度，在承受极限荷载及设计允许的冲击荷载时，不应发生永久变形或断裂等失效现象。

（2）高处作业吊篮的结构件一般采用普通碳素钢 Q235 制作；重要结构件或要求自重轻的结构则采用低合金钢 Q345 制作。

3. 主要结构件的报废标准

（1）重要结构件经过补焊处后，再次发生裂纹的，应报废。

（2）套接在外部的管件，在套接部分出现裂纹时，应报废。

（3）重要结构件发生贯穿横截面达三分之一以上的裂纹时，应报废。

（4）发生其他影响使用功能且无法修复的裂纹时，应报废。

（5）管件发生纵向弯曲变形量大于 2‰，扭曲变形至扭转角大于 10°，局部凹陷严重，且影响管件正常套接的严重变形，且无法修复时，应报废。

（6）符合产品使用说明书规定厚度尺寸的结构件表面发生锈蚀，其锈蚀量大于 10% 原壁厚的，应报废。

（7）不符合有关标准规定的最小壁厚度尺寸的结构件，应直接报废。

（8）结构强度不能符合平台加载试验和稳定性要求，或不符合悬挂装置静载试验要求，且无法修复和加强时，应报废。

6.2.5 钢丝绳的性能、作用和报废标准

1. 钢丝绳的作用

钢丝绳是承受悬吊平台全部荷载的主要受力构件。工作钢丝绳的作用是牵引悬吊平台升降并且承受悬吊平台悬空作业的全部荷载。安全钢丝绳的作用是与安全锁配套，对高处作业吊篮起安全保护作用。

2. 钢丝绳的性能

高处作业吊篮对钢丝绳的性能要求，详见本书第二章。

3. 钢丝绳的报废标准

（1）钢丝绳报废的模式和判断报废的依据

1）钢丝绳的劣化（趋于报废的）模式有，可见断丝数量、钢丝绳直径减小、绳股断裂、腐蚀、畸形、机械损伤和热损伤（包括电弧）等。

2）依据《起重机 钢丝绳 保养 维护 检验和报废》GB/T 5972—2016 规定，当钢丝绳的劣化程度达到下列判废标准时，应报废。

（2）可见断丝数量

钢丝绳表面（股顶）断丝情况如图 6-9 所示。

图 6-9　表面（股顶）断丝

可见断丝数量达到表 6-1 规定断丝数量的钢丝绳应报废：

钢丝绳中达到报废程度的最少可见断丝数　　　表 6-1

外层股中承载钢丝总数	可见外部断丝的数量	
n	6d 长度范围内	30d 长度范围内
51 ≤ n ≤ 75	2	4
76 ≤ n ≤ 100	4	8
101 ≤ n ≤ 120	5	10
121 ≤ n ≤ 140	6	11

注：

1. 表 6-1 仅适用于爬升式高处作业吊篮使用的交互捻钢丝绳；

2. 填充丝不作为承载钢丝，因而不包括在 n 内；

3. 每股不大于 19 根钢丝的外粗式钢丝绳的取值位置，在"外层股中承载钢丝总数"所在行之上的第二行；例如，6×19S 型钢丝绳，$n = 114$；应在"51 ≤ n ≤ 75"行取值；

4. d—钢丝绳公称直径；

5. 绳端固定装置处的断丝达到两根或更多，应报废；

6. 局部聚集集中在一个或两个相邻的绳股，即使 6d 长度范围内的断丝数低于表 6-1 中的规定值，也要报废；

7. 股沟断丝，在 6d 长度范围内出现两根或更多，应报废。

（3）钢丝绳直径减小

1）纤维芯单层股钢丝绳，直径减小量大于或等于 10%d，应报废；

2）钢芯单层股钢丝绳，直径减小量大于或等于 7.5%d，应报废；

3）如图 6-10 所示，由绳芯或钢丝绳中心区损伤导致的直径局部减小，应报废。

图 6-10　钢丝绳直径局部减小（绳股凹陷）

外部磨损是导致钢丝绳直径减小的原因之一。外部磨损情况如图 6-11 所示。

图 6-11　外部磨损

（4）断股

钢丝绳发生断股，应立即报废。

（5）腐蚀

1）外部腐蚀：发现钢丝绳表面重度发生凹痕及钢丝严重松弛时，应报废；

2）内部腐蚀：（如图 6-12 所示）发现腐蚀碎屑从外股绳之间的股沟溢出时，应考虑报废。虽然对内部发生的评估是主观的，但对内部腐蚀的严重程度有怀疑，就宜将钢丝绳报废。

图 6-12　内部腐蚀

（6）畸形和损伤

1）波浪形

如图 6-13 所示，出现以下情况之一，钢丝绳应报废：

① 在从未经过、绕进滑轮或缠绕在卷筒上的钢丝绳直线区段上，直尺和螺旋面之间的间隙 ≥ $1/3 \times d$；

② 在经过、绕进滑轮或缠绕在卷筒上的钢丝绳区段上，直尺和螺旋面之间的间隙 ≥ $1/10 \times d$。

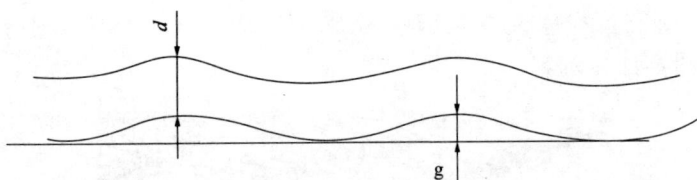

图 6-13　波浪形钢丝绳

2）笼状畸形

如图 6-14 所示，出现篮状或灯笼状畸形的钢丝绳应立即报废。

图 6-14　笼状畸形

3）绳芯或绳股突出或扭曲

如图 6-15 所示发生绳芯或图 6-16 所示绳股突出的钢丝绳应立即报废。

图 6-15　绳芯突出

图 6-16　绳股突出或扭曲

绳芯或绳股突出是篮状或灯笼状畸形的一种特殊类型,其表征为绳芯或钢丝绳外层股之间中心部分的突出,或外层股或股芯的突出。

4)钢丝的环状突出

如图 6-17 所示,发生绳丝环状突出的钢丝绳应立即报废。

图 6-17 钢丝突出

5)绳径局部增大(如图 6-18 所示)

钢芯钢丝绳直径增大 5% 及以上,纤维芯钢丝绳直径增大 10% 及以上,应查明其原因并考虑报废钢丝绳。

图 6-18 绳芯扭曲引起的钢丝绳直径局部增大

6)局部扁平

如图 6-19 所示,钢丝绳的扁平区段经过滑轮或绳轮的应考虑报废。

图 6-19　局部扁平

7）扭结

如图 6-20 ～图 6-22 所示，发生扭结的钢丝绳应立即报废。

图 6-20　扭结（正向）

图 6-21　扭结（反向）

图 6-22　扭结

8）折弯

折弯严重的区段需经过滑轮或绳轮的钢丝绳，应立即报废。

在折弯部位底面伴随有折痕，无论是否经过滑轮或绳轮，均宜看作是严重折弯。

9）热或电弧引起的损伤

① 外观能够看出被加热后颜色的变化或钢丝绳上润滑脂的异常消失的钢丝绳，应立即报废。

② 两根或更多钢丝局部受到电弧影响的钢丝绳，应报废。

6.3　掌握高处作业吊篮安全装置的调试方法

安全装置是防止或预防高处作业吊篮在使用过程中突发意外情况，所设置安全保护装置。

高处作业吊篮的主要安全装置有安全锁、手动滑降装置、防倾斜装置、行程限位装置、急停装置、超载检测装置等。

安全装置调试与固定是否适当或可靠，将影响安全装置的保护功能能否正常发挥。因此，高处作业吊篮安装拆卸工应当熟练地掌握安全装置的调试和固定方法。

6.3.1　安全锁的调试方法

1. 摆臂防倾式安全锁的调试方法

（1）调试准备

1）待高处作业吊篮整机安装完毕；

2）接通电源；

3）提升悬吊平台离开地面 2m 左右，确认运行正常。

（2）测量安全锁的实际锁绳角度

1）将悬吊平台上升到离地 1m 左右停止；

2）将万能转换开关旋至一侧提升机单动挡；

3）按下行按钮使悬吊平台一侧下降发生倾斜；

4）直至安全锁锁住安全钢丝绳为止；

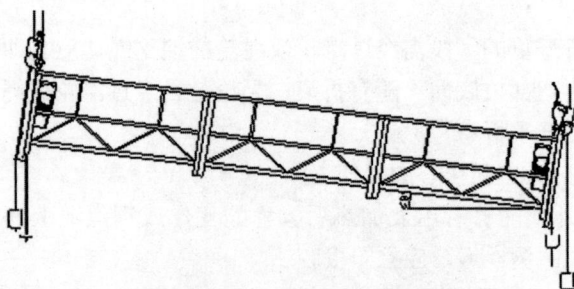

图 6-23　平台倾斜角度示意图

5）测量悬吊平台底部两端与水平地面之间的高度差；

6）如图 6-23 所示，根据平台高度差与平台长度尺寸比值的反正弦函数，可换算出安全锁的实际锁绳角度。

为方便现场施工人员快速换算安全锁实际锁绳角度，可按图 6-24 所示的平台高度差与锁绳角度的对应关系，查表 6-2 即可获得到安全锁实际锁绳角度。

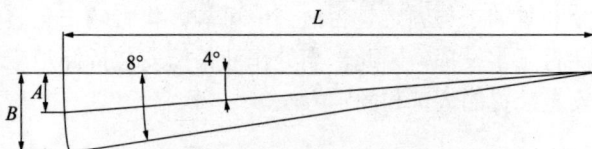

图 6-24　平台高度差与锁绳角度关系简图

常用平台高度差与锁绳角度的对应表　　　　　　表 6-2

序号	平台长度 L（mm）	锁绳角度对应的平台高度差 A 和 B	
		4° 对应 A（mm）	8° 对应 B（mm）
1	1500	105	209
2	2000	140	278
3	3000	209	418
4	4000	279	557
5	5000	349	696
6	6000	419	835
7	7500	523	1044

（3）调整锁绳角度

1）《高处作业吊篮》GB/T 19155—2017 规定，当平台纵向倾斜角度大于 14°时，安全锁应能自动起作用；

2）在实际使用时，将摆臂防倾式安全锁的锁绳角度调整在 4°～8°范围内为宜；

3）如图 6-25 所示，摆臂防倾式安全锁的锁绳角度大小，可通过调整滚轮在摆臂支架上的孔位来调整；

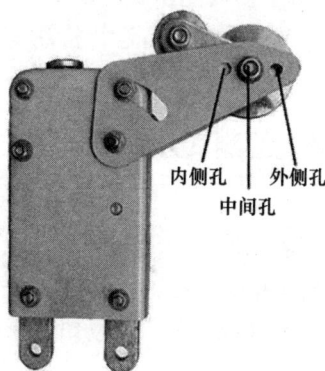

内侧孔　外侧孔
中间孔

图 6-25　锁绳角度调整图

4）若实测安全锁的锁绳角度小于 4°时，可将滚轮向外侧孔的位置调整，则锁绳角度增大；

5）若实测安全锁的锁绳角度大于 8°时，可将滚轮向内侧孔的位置调整，则锁绳角度减小；

6）经过调整滚轮位置仍无法达到适当锁绳角度的安全锁，则须由专业制造厂商进行调整，且调整后须经专业检测设备进行检测与标定，合格的方可继续使用。

2. 离心触发式安全锁的调试方法

（1）调试准备

1）待高处作业吊篮整机安装完毕；

2）将悬吊平台落在平整地面上；

3）拆除安全钢丝绳上的重锤，使安全钢丝绳处于自由悬垂状态。

（2）测试安全锁的锁绳灵敏度

1）用手握紧安全锁进绳口附近的钢丝绳；

2）快速向上抽动钢丝绳；

3）观察安全锁应能触发，则为正常；若不能触发，则应更换。

（3）安全锁的调整

1）离心触发式安全锁在施工现场只能定性测试；

2）离心触发式安全锁不得在施工现场进行调整或检修；

3）离心触发式安全锁只能由专业制造厂商进行调整与检修，且调整或检修后须经专业检测设备进行检测与标定，合格的方可继续使用。

6.3.2 手动滑降装置的测试方法

1. 测试准备

（1）将空载状态的悬吊平台上升至离开地面3～5m处停住；

（2）取出提升机手柄拨杆；

（3）将手柄拨杆旋（或插）入电动机风罩内的拨叉孔内。

2. 测试滑降速度

（1）由两名操作人员分别站在悬吊平台两端；同时向上抬起手柄拨杆（见图6-26）；

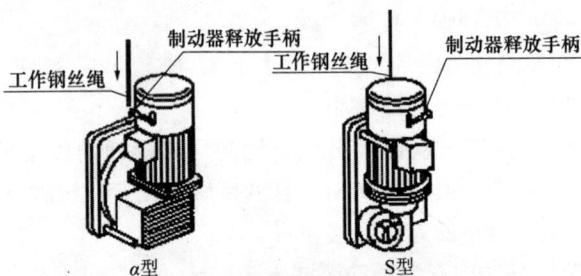

图 6-26 手动滑降操作示意图

（2）观察悬吊平台滑降情况；

（3）平台应能平稳滑降，且滑降速度应不小于20%的提升机额定升降速度；

（4）将额定荷载状态的悬吊平台上升至离开地面3～5m处停住；

（5）重复步骤（1）和（2）；

（6）滑降速度应不大于 30m / min。

3. 滑降速度的调整

下降制动装置的制动力矩的大小，决定了提升机的滑降速度。而制动力矩的大小，又取决于小拉簧的拉力。小拉簧的拉力越大，离心块越难以被离心力甩出，制动力矩就小，下降速度就大；反之，小弹簧的拉力越小，则下降速度随之降低。由此可见，通过调整小弹簧的拉力大小，可以调整滑降速度。按《高处作业吊篮》GB/T 19155—2017 规定，提升机的手动滑降速度应调整到略大于 1.2 倍的提升机额定升降速度为宜。

鉴于调整小弹簧的拉力大小的操作专业性很强，建议由专业厂商进行调整。

6.3.3 其他安全装置的调整方法

1. 行程限位装置的调整

《高处作业吊篮》GB/T 19155—2017 规定，应设置上行程限位装置和上极限限位装置；在地面或安全层面安装的高处作业吊篮可不设下行程限位装置。由于在施工现场使用的高处作业吊篮，绝大多数都是在地面或安全层面安装的，因此需要重点掌握上行程限位装置的安装与调试方法。

（1）上行程限位装置的安装（如图 6-27 所示）

限位挡块

行程开关

开关支板

图 6-27 上行程限位装置安装图

1）按高处作业吊篮安装拆卸专项施工方案设定的最大作业高度，确定并安装上行程限位装置的限位挡块。

2）若无具体位置规定的，一般将上行程限位挡块安装在钢丝绳吊点以下，距离吊点大于 0.5m 的位置，保留有一定的安全距离。

3）将上行程限位开关用螺钉固定在行程开关支板上。

（2）上行程限位装置的调整（如图 6-28 所示）

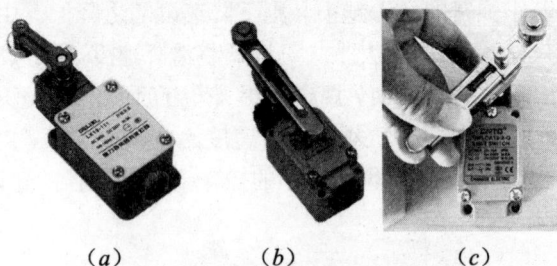

（a）　　　　　　（b）　　　　　　（c）

图 6-28　行程开关调整示意图

（a）固定杠杆臂型；（b）可调杠杆臂型；（c）杠杆臂调整示意

1）高处作业吊篮一般选用摆臂式行程开关。摆臂式行程开关通常分为固定杠杆臂型和可调杠杆臂型两种。

2）对于固定杠杆型摆臂行程开关，只需调整摆臂倾斜角度即可。

3）对于可调杠杆型摆臂行程开关，不仅需要调整摆臂倾斜角度，而且还需调整摆臂杠杆的伸出长度。

4）调整的目的：使行程开关臂端的滚轮能够可靠、有效地触碰限位挡块。

5）摆臂角度的调整方法：松开固定摆臂角度的螺母→拔出摆臂→转动摆臂至合适的角度→再插入摆臂→拧紧螺母。

6）摆臂杠杆伸出长度的调整方法：松开固定摆臂杠杆伸出长度的螺母→调整摆臂外伸长度→拧紧螺母。

2. 防倾斜装置的调整

《高处作业吊篮》GB/T 19155—2017 规定，装有 2 台或多台提升机的高处作业吊篮，应安装自动防倾斜装置，当平台纵向倾斜角度大于 14° 时，应能自动停止平台的升降运动。此装置可为电子式或机械式。

摆臂防倾式安全锁可以作为高处作业吊篮的机械式防倾斜装置。摆臂防倾式安全锁的调整方法详见本章 6.3.1。

电子式防倾斜装置应具有，上升时，停止高端提升机的上升动作；下降时，停止较低端提升机的下降动作的功能。

电子式防倾斜装置的调整，应由高处作业吊篮的供应商负责。

3. 超载检测装置的调整

《高处作业吊篮》GB/T 19155—2017 规定，高处作业吊篮宜安装超载检测装置。超载检测装置应在达到提升机的 1.25 倍极限工作荷载时或之前触发。

超载检测装置的调整方法如下：

（1）将悬吊平台平稳落在坚实平整的地面上；

（2）在悬吊平台内均匀装载2×110%的提升机极限工作荷载；

（3）将万能转换开关旋转至中间位置（即 2 台提升机同时工作挡）；

（4）按上升按钮，平台应正常向上运行；

（5）在悬吊平台内再增加2×15%的提升机极限工作荷载；

（6）按上升按钮，平台应不能上升；

（7）若不能满足上述工况，应调整超载检测装置，使之符合规定。

6.4　掌握紧急情况处置方法

6.4.1　高处作业吊篮紧急情况下的应急处置

施工过程中会遇到一些突发情况，此时作业人员必须要保持镇静，切忌惊慌失措，应采取合理有效的应急措施，果断排除险情，避免造成生命和财产损失。

1. 施工中突然断电的应急处置

在施工中突然断电时，应立即关闭电控箱的电源总开关，切断电源，防止突然来电时发生意外。然后与地面或附近有关人员联络，判明断电原因，决定是否返回地面。若短时间停电，待接到来电通知后，合上电源总开关，经检查正常后再开始工作。若长时间停电或因本设备故障断电，应及时采取手动方式使悬吊平台平稳滑降至地面或建（构）筑物的固定平台上。

此时严禁贸然跨过悬吊平台护栏钻入附近窗口离开悬吊平台，以防不慎坠落造成人身伤害。

当确认手动滑降装置失效时，应与悬吊平台外的人员联络，在采取相应安全措施后，操作人员方可通过附近窗口、洞口或其他部位撤离。

2. 松开升／降按钮后，不能停止上／下运行的应急处置

悬吊平台上升或下降按钮都是点动按钮，在正常情况下，按住上升或下降按钮，悬吊平台向上或向下运行，松开按钮便停止运行。当出现松开按钮，但无法停止悬吊平台运行时，应立即按下电控箱上的红色急停按钮，或者立即关闭电源总开关，切断电源，使悬吊平台紧急停止。然后采用手动滑降使悬吊平台平稳落地。由专业维修人员在地面排除故障后，再继续进行作业。

3. 在上升或下降过程中悬吊平台倾斜角度过大的应急处置

当悬吊平台倾斜角度过大时，应及时停机，将电控箱上的转换开关扳至悬吊平台低端提升机运行挡，然后按上升按钮直至悬吊平台接近水平状态为止，再将转换开关扳回两端同时运行挡，照常进行作业。

如果在上升或下降的单项向全程运行中，悬吊平台需频繁进行上述调整时，应及时将悬吊平台降至地面，检查并调整两端提升电动机的电磁制动器间隙，使之符合产品使用说明书的要求，然后再检测两端提升机的同步性能，若差异仍过大，应更换电动机，选择一对同步性能较好的电动机配对使用。

使用防倾斜式安全锁的高处作业吊篮，在下降过程中出现低

端安全锁经常锁绳时，也可采用上述方法。当悬吊平台调平后，便可自动解除安全锁的锁绳状态。

4. 工作钢丝绳卡在提升机内的应急处置

钢丝绳松股、局部凸起变形或粘结涂料、水泥、胶状物时，均会造成钢丝绳卡在提升机内的严重故障。此时应立即停机，严禁用反复升、降操作来强行排除险情。因为这不但排除不了险情，而且轻则造成提升机损坏，重则切断机内钢丝绳，造成悬吊平台一端坠落，甚至机毁人亡。

发生卡绳故障时，机内人员应保持冷静，在确保安全的前提下撤离悬吊平台，并安排经过专业培训的维修人员进入悬吊平台进行维修。

维修时，首先将故障端的安全钢丝绳缠绕在悬吊平台安装架上，将悬吊平台可靠地固定住，或者用钢丝绳夹夹紧在安全锁的出绳口处，使安全钢丝绳承受此端悬吊荷载。然后在悬挂装置相应位置重新安装一根钢丝绳，在此钢丝绳上安装一台完好的提升机并升至悬吊平台处，置换故障提升机。再将该端悬吊平台提升 0.5 m 左右停止不动，取下安全钢丝绳的绳夹，使其恢复到悬垂状态。然后将悬吊平台降至地面。将提升机解体，取出卡在内部的钢丝绳。最后对提升机进行全面严格的检查和修复，受损零部件必须更换，不得勉强继续使用，以免埋下事故隐患。

5. 一端工作钢丝绳破断、安全锁锁住安全绳的应急处置

当一端工作钢丝绳破断，安全锁锁住安全钢丝绳时，可采用上一条所述方法排除险情。但要特别注意，动作要轻、要平稳，避免安全锁受到过大冲击和干扰。

6. 一端悬挂装置失效，悬吊平台单点悬挂而直立的应急处置

由于一端工作钢丝绳破断，同侧安全锁又失灵或者一侧悬挂装置失去作用，造成一端悬挂失效，仅剩一端悬挂，致使悬吊平台倾翻甚至直立时，作业人员切莫惊慌失措。有安全带挂住的人员应攀到悬吊平台便于蹬踏之处，无安全带的人员，更要紧紧抓牢悬吊平台上一切可抓的部位，然后攀至较有利的位置。此时所

有人员都应注意：动作不可过猛，尽量保存体力，等待救援。

救援人员应根据现场情况尽快采取最有效的应急方法，紧张而有序地进行施救。如果附近另有高处作业吊篮，应尽快将其移至离事故吊篮最近的位置，在确认新装高处作业吊篮安装无误、运转正常后（避免忙中出错，造成连带事故），迅速提升悬吊平台到达事故位置，先营救作业人员，然后再排除设备险情。

7. 应急操作的安全注意事项

（1）在待检修或抢修的悬吊平台下方应设置警戒区，并设置专职安全员进行巡视检查。警戒区范围应不小于表 6-3 所示的可能坠落范围半径。

可能坠落范围半径 表 6-3

序号	上层作业高度（h）	坠落半径（m）
1	$2 \leqslant h < 5$	3
2	$5 \leqslant h < 15$	4
3	$15 \leqslant h < 30$	5
4	$h \geqslant 30$	6

（2）维修人员应在采取有效安全措施后，方可进入悬在空中的平台进行检修或抢修。

（3）进入悬吊平台前，维修人员应系好安全带，并对悬吊平台进行可靠固定。

（4）在检修或抢修全过程中，应有专人监护和指挥。

（5）若悬吊平台发生侧倾处于单点悬挂状态时，不可进入悬吊平台进行检修或抢修；应借助其他设备或机具（例如附近的高处作业吊篮、塔吊、汽吊和卷扬机等），把平台降至地面再进行检修。

6.4.2 高处作业吊篮突发安全事故的救援应急预案

1. 发生悬吊平台坠落事故的救援应急预案

（1）发现悬吊平台坠落事故的人员，应立即在现场高声呼喊，告之周边人员；即刻通知现场负责人或安全员，并且及时拨打急救电话"120"。

（2）工程项目主管人员负责全面组织、指挥和协调工作。

（3）施工现场负责人组织人员先行切断相关电源，防止发生触电事故，然后对事故现场实施抢救。

（4）由工长负责组织所有安装工，立即拆除相关平台；其他人员进行现场清理、抬运物品，保证现场道路畅通，方便救护车辆出入；门卫值勤人员守在施工现场大门外，负责接应救护车辆及人员。

（5）全力以赴抢救被砸或被压人员，对轻伤人员立即采用包扎、止血等简易现场救护方法进行救治；重伤人员由工长负责送医院抢救。

2. 发生物体打击事故的救援应急预案

应急预案同上。

3. 发生机械伤害事故的救援应急预案

应急预案同上。

4. 发生触电事故的救援应急预案

（1）对伤势不重、神志清醒、未失去知觉，但内心惊慌、四肢发麻、全身无力者，不要让其立即走动，应安静休息等待恢复。

（2）对曾一度昏迷，但已经清醒者，应保持周围空气流通并注意保暖，安静休息，并进行观察或送医院进一步诊治。

（3）对伤势较重、已经失去知觉，但心脏跳动呼吸存在者，应使其平卧、保持空气流通，并解开衣领，以利于自主呼吸，注意保暖，等待救护车及时送医院救治。

（4）对伤势严重、呼吸困难或呼吸停止、心脏停止跳动者，在紧急呼叫"120"急救的同时，施行人工呼吸或胸外心脏按压复苏、刺人中穴等方法进行现场抢救，直至"120"急救车赶到之前，不可终止救治。

5. 发电击伤抢救预案

（1）立即切断电源或用木棍、竹竿等绝缘物体拨开电线，尽快使被电击者脱离电源。

（2）其余救治方法同上。

6. 发生高空坠落的救援应急预案

重点关注伤员的脊椎、颈椎及内脏损伤。

（1）对清醒、能自主活动者，抬送医院进一步诊治。某些伤及内脏的，在当时感觉不明显，应因地制宜、快速制作临时担架用于抬送。

（2）对不能动或不清醒者，切不可乱搬乱抬，更不能背起来就走。严防拉脱脊椎、颈椎而造成永久性伤害。抬上担架时，应有人分别托住头、肩、腰、胯、腿等部位，同时用力，平稳托起，送医院诊治。

7. 发生火灾的救援应急预案

（1）发现火情，应立即拨打消防中心火警电话（119 或 110）报警。

（2）迅速报告应急救援小组，组织有关人员携带消防器具赶赴现场进行扑救。本着"先救人，后救物"原则，迅速组织无关人员逃生。

（3）应急救援小组接到报警或发现火情后，应尽快切断电源，关闭阀门，迅速控制可能加剧火灾蔓延的部位，以减少蔓延的因素，为迅速扑灭火灾创造条件。

8. 施工现场应急救援的组织工作

（1）发生上述事故时，现场的安全人员（应急救援小组成员）应迅速将情况上报应急救援领导小组。

（2）对伤情轻微的、现场可以进行救治的伤员，事发地负责人或分部经理可组织简捷有效的救治措施，如人工呼吸、止血包扎等。

（3）情况严重的，事发地现场负责人或分部经理一边向应急救援领导小组报告情况，一边拨打 120 急救电话。如距离医院较近，则应迅速组织人力将伤员直接送往医院检查、抢救，同时指派人员对现场进行保护，等待施工调查。

（4）应急救援小组接到事故报告后，应迅速赶往事故发生地，组织各救援小组视情况展开救援工作，若情况严重，应急救援领导小组应在第一时间内将情况报告市（县）安全、建设部门。

6.5 高处作业吊篮安装拆卸工安全操作技能考核

6.5.1 操作技能考核科目一

1. 科目名称

高处作业吊篮整机安装与调试。

2. 考核设备和器具

（1）备考高处作业吊篮零部件一套，包括：

提升机、安全锁、电控箱、钢丝绳、电源电缆，悬挂装置和悬吊平台等组成件；限位挡块、重锤等配套零件；销轴、螺栓、锁具螺旋扣等连接件。

（2）安装用工具一套，包括：

力矩扳手（60～300N·m）、九件套或以上呆扳手（开口扳手或梅花扳手）、活动扳手（大、中、小号配套）、螺丝刀（一字头和十字头，大、中、小号配套）、手锤（1.5磅和8磅左右各1件）、8吋克丝钳、尖嘴钳和工具包等。

（3）个人安全防护用品包括：

安全帽、安全绳、安全带（配自锁器）、紧身工作服和防滑鞋等。

（4）量具和仪器：

计时器、试电笔、万用表、兆欧表、钳形电流表、秒表、倾角测量仪、塞尺（厚薄规）、游标卡尺（0～150mm）、钢直尺（150mm）、钢卷尺（2m和7.5m）等。

3. 考核方法

每4名考生为一组，分阶段轮流承担安装组长的工作，协同作业，在规定时间内完成以下作业：

（1）高处作业吊篮整机安装；

（2）电气系统检测；

（3）运行试验与调整；

（4）安全装置（包括安全锁、行程限位装置、手动滑降装置等）调试。

4. 考核时间

60min（仅供参考）。

5. 考核评分标准

（1）本科目满分 70 分。

（2）考核评分标准见表 6-4，各项目所扣分数总和不得超过该项应得分值。

（3）考核所得总分，即为小组平均得分。

（4）个人得分，视个人在考核过程中发挥的作用和总体表现，在小组平均得分的基础上进行适当加分或减分。加分或减分的幅度以不超过小组平均得分的 5% 为宜。

科目一考核评分标准表 表6-4

序号	考核项目	扣 分 标 准	应得分值
1	整机安装	横梁安装水平度不符合规定，扣 2 分	2
2		悬挂装置与悬吊平台吊点水平距离偏差，超差扣 4 分	2
3		工作钢丝绳和安全钢丝绳安装错误，每处扣 2 分	4
4		加强钢丝绳张紧程度不符合规定，每处扣 2 分	4
5		配重未固定或固定不符合规定，每处扣 2 分	4
6		重锤未安装或安装不符合规定，每处扣 2 分	4
7		螺栓数量不足或松动的，每处扣 1 分	4
8		提升机安装不正确，扣 2 分	2
9		安全锁安装不正确的，扣 2 分	2
10		钢丝绳穿绕方式不符合规定，扣 2 分	2
11	电气系统检测	检测绝缘电阻方法错误，扣 2 分	2
12		检查漏电保护器方法错误，扣 2 分	2
13		检查相序继电器方法错误，扣 2 分	2
14		检查热继电器，方法错误扣 2 分	2
15		检查万能转换开关，方法错误扣 2 分	2

序号	考核项目	扣 分 标 准	应得分值
16	运行试验与调整	操作平台上升观察提升机运行状况方法错误，扣2分	2
17		操作平台下降观察提升机运行状况方法错误，扣2分	2
18		检查制动状况、调整制动器方法错误，扣2分	2
19		检查急停按钮方法错误，扣2分	2
20	安全装置调试	检测安全锁锁绳角度方法错误，扣4分	4
21		检查行程限位装置方法错误，扣2分	2
22		操作手动滑降装置进行滑降试验方法错误，扣4分	4
23		安全绳使用不符合要求的，扣2分	4
24	个人防护	存在问题的，每处扣1分	4
25	填写报告	填写安装自检报告，每处错误扣1分	4
26	实际用时	每超时2min扣1分	
总分			70

6.5.2 操作技能考核科目二

1. 科目名称

排除电气系统故障。

2. 考核设备和器具

（1）高处作业吊篮标准电控系统1套，如图6-29所示包括：电控箱、电动机（含制动器）、行程限位开关、手持式开关、电源电缆和配套连接电缆。

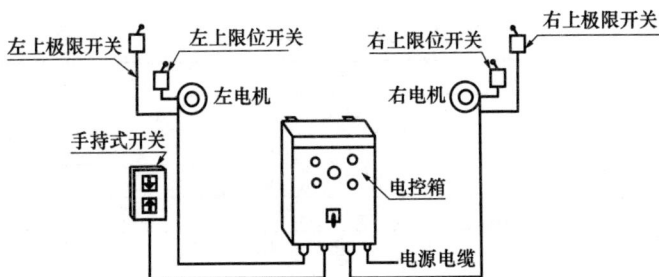

图6-29 标准电控系统示意图

（2）电工工具一套包括：

螺丝刀（一字头和十字头，中、小号配套）、克丝钳、尖嘴钳、电工刀和活动扳手等。

（3）个人安全防护用品包括：

紧身工作服和绝缘鞋等。

（4）检测量具和仪器：

计时器、万用表、钳形电流表和试电笔等。

3. 考核方法

（1）故障设置

1）随机设置五个电路故障点。

2）故障类别：接点虚接、缺少连线、非自动复位元件未复位、电箱内外元器件失效、电缆线、电动机、电磁制动器等故障。

（2）考核内容

1）排查步骤正确。

2）排查方法正确。

3）测量仪表和工具的使用正确。

4）排除结果正确。

4. 考核时间

10min（仅供参考）。

5. 考核评分标准

（1）本科目满分 20 分；

（2）考核评分标准见表 6-5，各项目所扣分数总和不得超过该项应得分值。

科目二考核评分标准表　　　　　　表 6-5

序号	考核内容	扣分标准	应得分值
1	排查步骤	排查顺序错误，每处扣 1 分	4
2	排查方法	排查方法错误，每处扣 1 分	6
3	仪表、工具使用方法	使用方法错误，每处扣 1 分	4
4	排除结果	排除结果错误，每项扣 1.5 分	6
5	实际用时	每超时 1min 扣 1 分	
总分			20

6.5.3 操作技能考核科目三

1. 科目名称

紧急情况下的应急处置。

2. 考核器具

（1）设置各种常见紧急情况的模拟幻灯片或视频资料一套，包括但不限于：

1）突然停电或断电；

2）操作按钮失灵；

3）提升机卡绳；

4）工作钢丝绳断裂一端悬挂失效；

5）突然发生火情；

6）周围工友发生触电。

（2）计时器 1 个。

3. 考核内容

1）随机抽取一种紧急情况的影像资料，对考生进行模拟应急考核。

2）由考生对照影像资料描述紧急情况。

3）由考生口述应急处置方法。

4. 考核时间

5min（仅供参考）。

5. 考核评分标准

（1）满分 10 分。

（2）在规定时间内，考生对发生的紧急情况描述正确，得 2 分；描述存在问题酌情扣 1 ～ 2 分。

（3）在规定时间内，考生能够正确叙述应急处置方法，得 8 分；叙述存在的问题酌情扣 1 ～ 8 分

（4）考核时间每超时 1 min 扣 1 分。

附录A 高处作业吊篮安装质量检查验收表

	高处作业吊篮安装质量检查验收表			附表A

查验项目	项目编号	查验内容及要求	查验结果	查验结论
资料复验	1.1	产品出厂检验合格证		
	1.2	产品使用说明书		
	1.3	安全锁标定证书		
	1.4	安装合同和安全协议		
	1.5	安装单位特种作业人员证书		
	1.6	安装/拆卸专项施工方案		
	1.7	安装质量自检报告		
结构件	2.1	重要结构件无可见裂纹，无严重塑性变形和锈蚀		
	2.2	焊缝无可见裂纹		
	2.3	结构件、连接件和标准件安装齐全、完整		
	2.4	螺栓应露出螺母2～3个螺距		
	2.5	销轴连接有轴向止动，开口销尾部开口≥60°		
标配吊篮悬挂装置	3.1	稳定力矩与倾覆力矩的比值不小于3		
	3.2	前、后支架与支承面的接触应稳定可靠		
	3.3	前支架的上立柱与下支架应在同一条铅垂线上		
	3.4	配重及其安装应符合规定		
	3.5	横梁安装高度和前梁外伸长度不大于规定极限尺寸		
	3.6	女儿墙卡钳应提供女儿墙的承载力证明资料		
	3.7	横梁水平高度差≤4%横梁长度，且前高后低		
	3.8	悬挂装置吊点水平间距与悬吊平台吊点间距的长度误差≤100 mm		
	3.9	加强钢丝绳的张紧程度应符合使用说明书规定		

查验项目	项目编号	查验内容及要求	查验结果	查验结论
特制吊篮悬挂装置	4.1	应有专家评审/论证报告		
	4.2	应由安装单位提供锚固环和预埋螺栓直径≥16 mm，安全系数≥3的相关资料		
	4.3	有防止横梁滑移或侧翻的约束装置或可靠措施 有防止前支架向建筑结构外边缘滑移的可靠措施		
	4.4	超高安装的横梁，应有校核前支架压杆稳定性的计算书，且［λ］≤150		
	4.5	超长外伸的横梁，应有校核横梁强度、刚度和整体稳定性的计算书		
悬吊平台	5.1	悬吊平台拼接总长度符合使用说明书规定		
	5.2	护栏门不得向外开启，且应设电气联锁装置		
	5.3	护栏高度、水平间距符合《高处作业吊篮》GB/T 19155规定		
	5.4	底板应牢固、无破损，并有防滑措施，开孔直径≤15mm		
	5.5	底部挡板高度≥150mm，与底板间隙≤5mm		
	5.6	相邻悬吊平台端部的水平间距应大于0.5m		
	5.7	与建筑物墙面间应设有导轮或缓冲装置		
	5.8	悬吊平台运行通道应无障碍物		
提升机	6.1	与悬吊平台连接牢固可靠		
	6.2	箱体无漏油现象		
	6.3	所有外露传动部分应设置防护装置		
	6.4	具有良好的穿绳性能，无卡绳或堵绳现象		
安全装置	7.1	安全绳独立固定在建筑物上，且在转角处有保护措施		
	7.2	安全绳无中间接头、破损、腐蚀、老化等缺陷		
	7.3	安全锁与悬吊平台连接牢固、可靠		
	7.4	安全锁在锁绳状态下，不应自动复位		
	7.5	安全锁在有效标定期内		
	7.6	行程限位装置触发灵敏、可靠，安全距离不小于0.5 m		

查验项目	项目编号	查验内容及要求	查验结果	查验结论
钢丝绳	8.1	每个吊点应设置 2 根钢丝绳，且分别独立悬挂		
	8.2	钢丝绳的型号和规格应符合产品使用说明书的要求，且直径≥ 6mm		
	8.3	安全钢丝绳应选用与工作钢丝绳相同的型号、规格，最下端应设置重量不小于 0.5kg 的重锤，且重锤底部离开地面 100 ～ 200mm		
	8.4	钢丝绳绳端固定牢固，且符合《高处作业吊篮》GB/T 19155 规定		
	8.5	钢丝绳达到或超过本规程规定的，应报废		
	8.6	钢丝绳表面无涂料、粘接剂、纤维缠绕等现象		
电气系统	9.1	应采用三相五线制保护系统供电		
	9.2	带电零件与机体间的绝缘电阻应≥2MΩ		
	9.3	电气系统接地电阻应≤ 4Ω		
	9.4	专用配电箱应设置隔离、过载、短路、漏电等电气保护装置，并符合《施工现场临时用电安全技术规范》JGJ 46—2005 的规定		
	9.5	电控箱应设置相序、过热、短路、漏电等保护装置，熔断器规格选配正确		
	9.6	悬吊平台上应设电气操控装置，且具防水功能		
	9.7	设有能切断主电源控制回路的急停按钮		
	9.8	电控箱内的电气元件应排列整齐，固定可靠		
	9.9	电控箱应具有防水、防尘、防震措施和门锁		
	9.10	电缆线无破损、固定应规整		
	9.11	具有随行电缆保护措施		
标牌标志	10.1	产品铭牌应固定可靠，易于观察		
	10.2	应设有醒目的限制载重量及人数的警示标牌		
空载运行试验	11.1	提升机运转应灵活、无异响		
	11.2	制动系统应灵敏、可靠		
	11.3	限位装置应动作灵敏、可靠		
	11.4	手动滑降应顺畅、平稳		

查验项目	项目编号	查验内容及要求	查验结果	查验结论
安全锁试验	12.1	安全锁动作应灵敏、可靠		
	12.2	摆臂防倾式安全锁锁绳角度≤ 14°		
	12.3	离心触发式安全锁向上手动快速抽绳时，触发动作应灵敏		

注：定量数据应将实测数据填写在查验结果栏中，对定性要求应将观测状况填写在查验结果栏中。

附录 B 高处作业吊篮安装拆卸工安全技术考核大纲（试行）

1 安全技术理论

1.1 安全生产基本知识

1.1.1 了解建筑安全生产规律法规和规章制度；

1.1.2 熟悉有关特种作业人员的管理制度；

1.1.3 掌握从业人员的权利义务和法律责任；

1.1.4 熟悉高处作业安全知识；

1.1.5 掌握安全防护用品的使用；

1.1.6 熟悉安全标志、安全色的基本知识；

1.1.7 了解施工现场消防知识；

1.1.8 了解现场急救知识；

1.1.9 熟悉施工现场安全用电基本知识。

1.2 专业基础知识

1.2.1 了解力学基本知识；

1.2.2 了解电工基础知识；

1.2.3 了解机械基础知识。

1.3 专业技术理论

1.3.1 了解高处作业吊篮分类及标记方法；

1.3.2 熟悉常用高处作业吊篮的构造特点；

1.3.3 熟悉高处作业吊篮主要性能参数；

1.3.4 熟悉高处作业吊篮提升机的性能、工作原理及调试方法;

1.3.5 掌握高处作业吊篮安全锁、提升机的构造、工作原理;

1.3.6 掌握钢丝绳的性能、承载能力和报废标准;

1.3.7 了解电气控制元器件的分类和功能;

1.3.8 掌握悬挂机构的结构和工作原理;

1.3.9 掌握高处作业吊篮安装、拆卸的安全操作规程;

1.3.10 掌握高处作业吊篮安装自检内容和方法;

1.3.11 熟悉高处作业吊篮的维护保养;

1.3.12 了解高处作业吊篮安装、拆卸事故原因及处置方法。

2 专业基础知识

2.1 熟悉力学基本知识

2.2 了解电工基础知识

2.3 熟悉机械基础知识

2.4 熟悉液压传动知识

2.5 了解钢结构基础知识

2.6 熟悉起重吊装基本知识

参考文献

1.《建设工程安全生产管理条例》（中华人民共和国国务院令第393号）

2.《危险性较大的分部分项工程安全管理规定》（住房和城乡建设部令第37号）

3.《住房城乡建设部办公厅关于实施＜危险性较大的分部分项工程安全管理规定＞有关问题的通知》（建办质〔2018〕31号）

4.《建筑施工特种作业人员管理规定》（建质〔2008〕75号）

5.《关于建筑施工特种作业人员考核工作的实施意见》（建办质〔2008〕41号）

6.《高处作业吊篮》GB/T 19155—2017

7.《塔式起重机安全规程》GB 5144—2006

8.《起重机 钢丝绳 保养、维护、检验和报废》GB/T5972—2016

9.《钢丝绳铝合金压制接头》GB/T 6946—2008

10.《钢丝绳用楔形接头》GB/T 5973—2006

11.《安全帽》GB 2811—2007

12.《安全带》GB 6095—2009

13.《坠落防护 安全绳》GB 24543—2009

14.《坠落防护 带柔性导轨的自锁器》GB 24537—2009

15.《优质碳素结构钢》GB/T 699-2015

16.《碳素结构钢》GB/T 700—2006

17.《低合金高强度结构钢》GB/T 1591—2008

18.《合金结构钢》GB/T 3077—2015

19.《铸造铝合金》GB/T 1173—2013

20.《铸造铜及铜合金》GB/T 1176—2013

21. 《铸铁牌号表示方法》GB/T 5612—2008

22. 《铸钢牌号表示方法》GB/T 5613—2014

23. 《一般工业用铝及铝合金挤压型材》GB/T 6892—2015

24. 《施工现场临时用电安全规范》JGJ 46—2005

25. 《建筑施工高处作业安全技术规范》JGJ 80—2016

26. 《高处作业吊篮施工安全管理规程》T/JSDL 001—2017

27. 《高处作业吊篮检测与安全评估规程》T/JSDL 002—2017

28. 《高处施工机械设施安全手册》，中国建筑工业出版社，2016 年出版

29. 《建筑施工悬吊式作业装备与技术》，机械工业出版社，2014 年出版